FORSCHUNGSBERICHTE
DES WIRTSCHAFTS- UND VERKEHRSMINISTERIUMS
NORDRHEIN-WESTFALEN

Herausgegeben von Staatssekretär Prof. Leo Brandt

Nr. 65

Fachverband Schneidwarenindustrie, Solingen

Untersuchungen über das elektrolytische Polieren von
Tafelmesserklingen aus rostfreiem Stahl

Als Manuskript gedruckt

SPRINGER FACHMEDIEN WIESBADEN GMBH

ISBN 978-3-663-03296-0   ISBN 978-3-663-04485-7 (eBook)
DOI 10.1007/978-3-663-04485-7

Forschungsberichte des Wirtschafts- und Verkehrsministeriums Nordrhein-Westfalen

Gliederung

Einleitung	S. 5
Aufgabenstellung	S. 6
Beurteilung der Güte der Klingenoberfläche	S. 7
Die Abnahme der Oberflächenrauhigkeit einer maschinell geschliffenen Klinge durch Ströpen, Pließten und mechanischem Polieren	S. 9
A. Elektrolytisches Polieren mit Perchlorsäure-Essigsäure-Gemischen	S. 10
Die Elektropolieranlage	S. 10
Die Prüfung der Strom-Spannungs-Charakteristik	S. 10
Vorversuche zur Feststellung des Einflusses der Elektrodenanordnung auf die Abnahme der Schneidfähigkeit	S. 15
Die Verschlechterung der Polierwirkung durch Zunahme des Wassergehaltes im Elektrolyten	S. 18
Versuche mit einem neuen Perchlorsäure-Elektrolyten	S. 19
Polierversuche in einem Becherglas bei annähernd laminarer Strömung	S. 22
Polierversuche mit Perchlorsäure-Essigsäure-Gemischen verschiedener Zusammensetzung	S. 34
B. Elektrolytisches Polieren mit nicht-perchlorsäurehaltigen Gemischen	S. 41
Prüfung der Polierwirkung und der Polierbedingungen bei Elektrolyten, die keine Perchlorsäure enthalten	S. 41
Überprüfung verschiedener Poliergemische auf ihre Fähigkeit Tafelmesserklingen aus rostfreiem Chromstahl elektrolytisch zu polieren	S. 45
Polierversuche mit einem Gemisch aus Phosphorsäure, Schwefelsäure und Chromsäure	S. 54
Diskussion und Zusammenfassung der Versuchsergebnisse	S. 58
A. Die Oberflächengüte mechanisch bearbeiteter Klingenflächen	S. 58
B. Elektrolytisches Polieren in Perchlorsäure-Essigsäure-Gemischen	S. 59
C. Elektrolytisches Polieren mit einem Phosphorsäure-Schwefelsäure-Gemisch	S. 61
D. Ausblick und allgemeine Folgerungen für weitere Untersuchungen	S. 61
Profilaufnahmen von Klingenflächen	S. 63
Mikroskopische Aufnahmen von Klingenflächen	S. 75
Literaturverzeichnis	S. 79

Forschungsberichte des Wirtschafts- und Verkehrsministeriums Nordrhein-Westfalen

Einleitung

Das elektrolytische Polieren von Metallen findet zunehmende Beachtung in Wissenschaft und Technik, da hierbei oft, besonders bei kompliziert geformten Oberflächen, nicht nur das zeitraubende und schwierige mechanische Polieren erspart, sondern auch die erreichbare Oberflächengüte erhöht wird. Es wird mit mehr oder weniger großem Erfolg auf eine Reihe von Metallen und Metallegierungen angewendet, sei es für bestimmte physikalisch-chemische Untersuchungen an Metalloberflächen oder zur Oberflächenbearbeitung in industrieller Produktion. Während durch mechanische Bearbeitung (Schleifen, Polieren) die Metalloberfläche oberflächlich zerstört und die oberste Metallschicht oft durch das Poliermittel verunreinigt wird, bleibt beim elektrolytischen Polieren das Kristallgefüge des Kerns bis an die Oberfläche hin ungestört erhalten. Ferner überzieht sich dabei die Oberfläche der meisten Metalle mit einer dünnen Oxydschicht (in der Größenordnung 10 - 100 Å), die wahrscheinlich einen wesentlichen Beitrag zur Passivierung liefert (H. RAETHER).

Seit der Entdeckung der Polierwirkung der Orthophosphorsäure bei der anod. Abtragung von Kupfer durch P. JACQUETS sind über das elektrolytische (anodische) Polieren von Metallen eine große Anzahl von Arbeiten veröffentlicht worden. Es seien nur einige neuere Arbeiten aufgeführt:

P. JACQUETS berichtet ausführlich über die Entwicklung und den Stand des elektrolytischen Polierens im Jahre 1940, insbesondere bei Verwendung von Perchlorsäure-Essigsäureanhydrid-Gemischen. SAKAE TAJIMA bringt eine zusammenfassende Studie über die Vorgänge beim anodischen Polieren von Metallen und die dabei verwendeten Elektrolyte. O. ZMESKAL befaßt sich eingehend mit dem elektrolytischen Polieren von rostfreiem Stahl und gibt eine umfangreiche Zusammenstellung dafür geeigneter Poliergemische an. Ferner sind die hier interessierenden Arbeiten von J. HEYES zu erwähnen, die sich mit dem anodischen Polieren von Stahl unter der Einwirkung eines Essigsäure-Überchlorsäure-Elektrolyten befassen. H. HUBER diskutiert die bisherigen Theorien über das Zustandekommen der anodischen Glänzung und ihrer Beziehung zur anodischen Passivierung.

Das an der Fachschule in Solingen benutzte elektrolytische Polierbad wurde von der Firma Dr. W. Kampschulte & Cie., Solingen, geliefert. Als Polierelektrolyt wird ein Perchlorsäure-Essigsäure-Gemisch verwendet, mit welchem nach Literaturangaben Aluminium, Zink, Zinn, Eisen, Stahl, Nickel, Kupfer und Chrom erfolgreich poliert werden können.

Während die einfache Perchlorsäure eine starke Beizwirkung ausübt, kann die Politur durch Zusatz eines Inhibitors, z.B. Essigsäure, wesentlich verbessert werden. Die gute Polierwirkung der Perchlorsäure beruht wahrscheinlich auf der großen Löslichkeit von Metallperchloraten (mit Ausnahme einiger Alkaliperchlorate), denn das Lösen des Anodenmaterials ist eine für das Elektropolieren unerläßliche Bedingung. Die Entstehung einer unlöslichen Salzschicht an der Anode würde eine ungleichmäßige Abtragung bewirken.

Beim elektrolytischen Polieren von Stahl bildet sich an der Anode bei genügend hohen Stromdichten eine braune, viskose Schicht, die sich aus den Bestandteilen des Elektrolyten und des Anodenmetalls zusammensetzt und für die Erzielung der Polierwirkung unbedingt erforderlich ist. Nach Literaturangaben entstehen Komplexe von der Form

$Fe_2 (CH_3 \cdot COO) (OH)_2 ClO_4 \cdot 4 H_2O$, womit sich auch die große Zähigkeit des Polierfilms erklärt.

Arbeitet man bei zu kleinen Stromdichten, so unterbleibt die Bildung der braunen Schicht und es treten leicht Ätzungen der Anode auf. Wählt man die Stromdichte zu hoch, so erwärmt sich die Anode infolge des großen spez. Widerstandes und der geringen Wärmeleitfähigkeit der viskosen Schicht sehr stark, und es entstehen oft, besonders beim Polieren von Stählen mit heterogenem Gefüge, Vertiefungen, die die Oberflächengüte stark beeinträchtigen. Das elektrolytische Polieren von Stahl muß also bei möglichst niedrigen Stromdichten durchgeführt werden, bei denen aber schon die für den Poliervorgang notwendige braune, viskose Schicht gebildet wird.

Aufgabenstellung

Mit der im hiesigen Labor verfügbaren Elektropolieranlage soll nun die Anwendbarkeit des elektrolytischen Polierens auf rostfreie Tafelmesserklingen geprüft, und die erreichbare Oberflächengüte sowie die, bei verschiedenem Ausgangszustand der Oberfläche dazu notwendige, Polierzeit bestimmt werden. Ferner soll sich eine Untersuchung über den Einfluß des

Elektropolierens auf die Schneidfähigkeit und die Korrosionsbeständigkeit anschließen.

Entsprechende Versuche sollen auch mit nicht-perchlorsäurehaltigen Elektrolyten durchgeführt werden. Der Zweck dieser Untersuchungen ist es festzustellen, welche Arbeitsgänge bei der mechanischen Oberflächenbearbeitung einer Tafelmesserklinge durch das elektrolytische Polieren ersetzt werden können und ob eine rationelle Eingliederung des anodischen Polierprozesses in der Produktion möglich ist.

Beurteilung der Güte der Klingenoberfläche

Für die Beurteilung und zahlenmäßige Erfassung der Güte einer Oberfläche sind die verschiedensten Meßverfahren ausgearbeitet worden. Allen Methoden gemeinsam ist, daß sich die Prüfung der Oberflächengüte immer auf einen mehr oder weniger großen Ausschnitt der zu untersuchenden Oberfläche beschränkt. Es ist deshalb klar, daß bei der Größe der Klingenfläche (ca. 50 cm^2) die letzte Entscheidung über die Güte der Oberfläche und besonders das Allgemeinaussehen einer Klinge nur durch visuelle Betrachtung gefällt werden kann.

Läßt man diffuses Licht in geeigneter Weise auf die Klingenoberfläche fallen, so erkennt man leicht alle Fehler der Politur, vereinzelte Schleifriefen und die feinsten, den Glanz vermindernden Ätzungen; das Auge des Fachmanns bzw. des Käufers entscheidet also über die Brauchbarkeit einer Klinge.

Für unsere Untersuchungen ist es wichtig, ein Verfahren zur objektiven Bestimmung der Güte einer Oberfläche zu besitzen, welches zahlenmäßige Vergleiche zwischen verschiedenen Oberflächen erlaubt. Zu diesem Zweck steht ein Oberflächenmeßgerät (Forster-Leitz) zur Verfügung.

Im Folgenden wird mit einer Tastspitze von 2μ Spitzenradius gearbeitet. Die Filmgeschwindigkeit ist konstant und beträgt 100 mm/min. Die vertikale Vergrößerung beträgt auf dem Filmstreifen 1000 : 1, d.h. 1 mm entspricht 1μ. Da auf dem Film 0,1 mm in vertikaler Richtung gerade noch abgelesen werden können, sind Aussagen über die Rauhigkeit einer Oberfläche unterhalb von 0,1μ nicht mehr möglich. Die horizontale Vergrösserung (HV) ist je nach dem Verhältnis der Vorschubgeschwindigkeit zur

Filmgeschwindigkeit verschieden. Ferner hängt die Länge des Tastsprunges von der eingestellten Vorschubgeschwindigkeit (1 - 3 - 4 - 5 mm/min) und der Impulszahl (3000 bzw. 6000 Impulse/min) ab.

Die folgende Tabelle gibt eine Zusammenstellung entsprechender Werte:

Vorschubgeschw. (mm/min)	Horizontale Vergrößerung	Verzerrung = Überhöhung	Impulszahl (Imp./min)	Tastsprung ($\mu = 10^{-3}$ mm)
1	100 : 1	10-fach	3000	0,33
			6000	0,17
3	33,3 : 1	30-fach	3000	1,00
			6000	0,50
4	25 : 1	40-fach	3000	1,33
			6000	0,67
5	20 : 1	50-fach	3000	1,67
			6000	0,83

Aus diesen Zahlen ist zu entnehmen, daß bei einem Spitzenradius von 2μ die Rauhtiefe nur dann richtig erfaßt wird, wenn die Spaltbreite mindestens

$4\,\mu$ (bei 1 mm/min Vorschubgeschwindigkeit)
$5\,\mu$ (bei 5 mm/min Vorschubgeschwindigkeit)

beträgt.

Auf einem Registrierstreifen kann man 0,2 mm in horinzontaler Richtung noch unterscheiden. Dies entspricht bei einer Vorschubgeschwindigkeit von 1 mm/min in Wirklichkeit $2\,\mu$. Da aber nur Rauhtiefen mit einer Breite von $4\,\mu$ tiefengetreu angezeigt werden, kann also die Tiefe wesentlich größer sein als auf dem Film registriert wurde. Man darf daher nur erwarten, daß ein Einschnitt, dessen Breite auf dem Registrierstreifen mindestens 0,4 mm (bei 1 mm/min Vorschubgeschw.) beträgt, tiefenrichtig wiedergegeben wurde.

Auf dem Registrierfilm stellt der ungeschwärzte, auf der Kopie der geschwärzte Teil die Oberfläche dar. Ferner erübrigt sich vielleicht nicht der Hinweis, daß das Rauhigkeitsgebirge kein ähnliches Abbild der Oberfläche darstellt, wie man es durch einen Schnitt senkrecht zur Oberfläche und entsprechende Vergrößerung erhalten würde. Die vertikale Vergrößerung ist stets größer als die horizontale, das Gebirge daher immer in vertikaler Richtung stark überhöht. In der Tabelle, Spalte 3, ist deshalb für die verschiedenen Vorschubgeschwindigkeiten die

$$\text{Verzerrung (Überhöhung)} = \frac{\text{vertikale Vergrößerung}}{\text{horizontale Vergrößerung}}$$

angegeben.

Durch die Profilaufnahmen P 4a bis P 4h soll die Registrierung eines bestimmten Oberflächenabschnittes bei den möglichen Vorschubgeschwindigkeiten und Impulszahlen verglichen werden. Man kann daraus ersehen, daß es genügt, mit einer Impulszahl von 3000 Impulsen/min zu arbeiten. Einzelheiten in der Oberflächenstruktur werden am günstigsten mit langsamem Vorschub (1 mm/min), die mittlere Rauhtiefe eines größeren Stückes der Oberfläche mit 4 mm/min Vorschubgeschwindigkeit registriert. Die maximale Rauhtiefe kann auch durch Beobachtung der Ausschläge des Lichtbandes und entsprechende Einstellung der Toleranzmarken im Projektionsgehäuse ermittelt werden.

Die Aufnahme der Oberfläche eines Planglases (P 4i) zeigt, daß das Forster-Gerät richtig arbeitet.

Ferner wurde die Oberflächenrauhigkeit einer blaugepließteten (P 4k) und einer korrodierten (P 4l) Messerklinge geprüft. Es zeigte sich nur eine geringfügige Vergrößerung der mittleren Rauhtiefe infolge der Korrosionsbeanspruchung. Das Forster-Gerät ist also nicht in der Lage, Unterschiede zwischen verschieden stark korrodierten Oberflächen aufzuzeigen, obwohl diese mit dem Auge gut zu erkennen sind.

Die Abnahme der Oberflächenrauhigkeit einer maschinell geschliffenen Klinge durch Ströpen, Pließten und mechanischem Polieren

Für unsere Untersuchungen ist es wichtig, die Oberflächenrauhigkeiten von Tafelmesserklingen zu kennen, die im allgemeinen nach den in der Produktion angewandten Arbeitsgängen vorliegen. Der Ausgangszustand der

Klingenfläche ist für das elektrolytische Polieren von ausschlaggebender Bedeutung. Er beeinflußt nicht nur in erheblicher Weise die anzuwendende Polierdauer, sondern ist praktisch auch maßgebend für den Endzustand der Oberfläche.

Es wurden daher die Oberflächen von Tafelmesserklingen in den einzelnen Stadien der mechanischen Oberflächenbearbeitung mit dem Oberflächenmeßgerät abgetastet, und die Rauhigkeit auf dem Filmstreifen registriert (Aufnehmen P 6 A bis P 6 H).

Die vertikale Vergrößerung beträgt, wie oben bereits erwähnt, stets 1000 : 1, die horizontale Vergrößerung wurde bei diesen Aufnahmen 25 : 1 gewählt. Auch hier muß darauf hingewiesen werden, daß die hier gezeigten Aufnahmen nur einen sehr kleinen Ausschnitt (ca. 2,4 mm) der gesamten Klingenfläche darstellen und deshalb nur einen Überblick über die im allgemeinen vorliegenden Rauhigkeiten geben. So zeigt z.B. die Aufnahme (P 6 E) des Oberflächenprofils einer blaugepließteten Klinge nur eine Rauhtiefe von $0,2\mu$ während sehr oft noch Schleiffriefen bis zu Tiefen von $2,5\mu$ nachgewiesen werden konnten.

A. Elektrolytisches Polieren mit Perchlorsäure-Essigsäure-Gemischen

Die Elektropolieranlage

Die ersten Versuche wurden in einem 50 l-Polierbad der Fa. Dr. W. Kampschulte durchgeführt. Der Polierelektrolyt besteht aus einem Perchlorsäure-Essigsäure-Gemisch. Die Badbewegung erfolgt durch Einblasen von Luft mittels eines Kompressors. Die elektrische Ausrüstung erlaubt die Anwendung von Spannungen bis 40 Volt bei Stromstärken bis zu 60 Amp. Die polierten Gegenstände werden nach dem Herausnehmen aus dem Elektrolyten in einer Soda-Lösung neutralisiert, mit Wasser gespült und mit einem wollenen Tuch bzw. Holzmehl getrocknet.

Die Prüfung der Strom-Spannungs-Charakteristik

Zunächst befaßten sich die Versuche mit der Prüfung der Strom-Spannungs-Beziehungen. Um die Handhabung der zu polierenden Gegenstände zu erleichtern, wurde eine Haltevorrichtung gebaut, durch welche z.B. 5 Messerklingen fest eingespannt und gleichzeitig poliert werden können (Abb.1). Dann wurde die für das Polieren günstigste Badspannung festgestellt.

Forschungsberichte des Wirtschafts- und Verkehrsministeriums Nordrhein-Westfalen

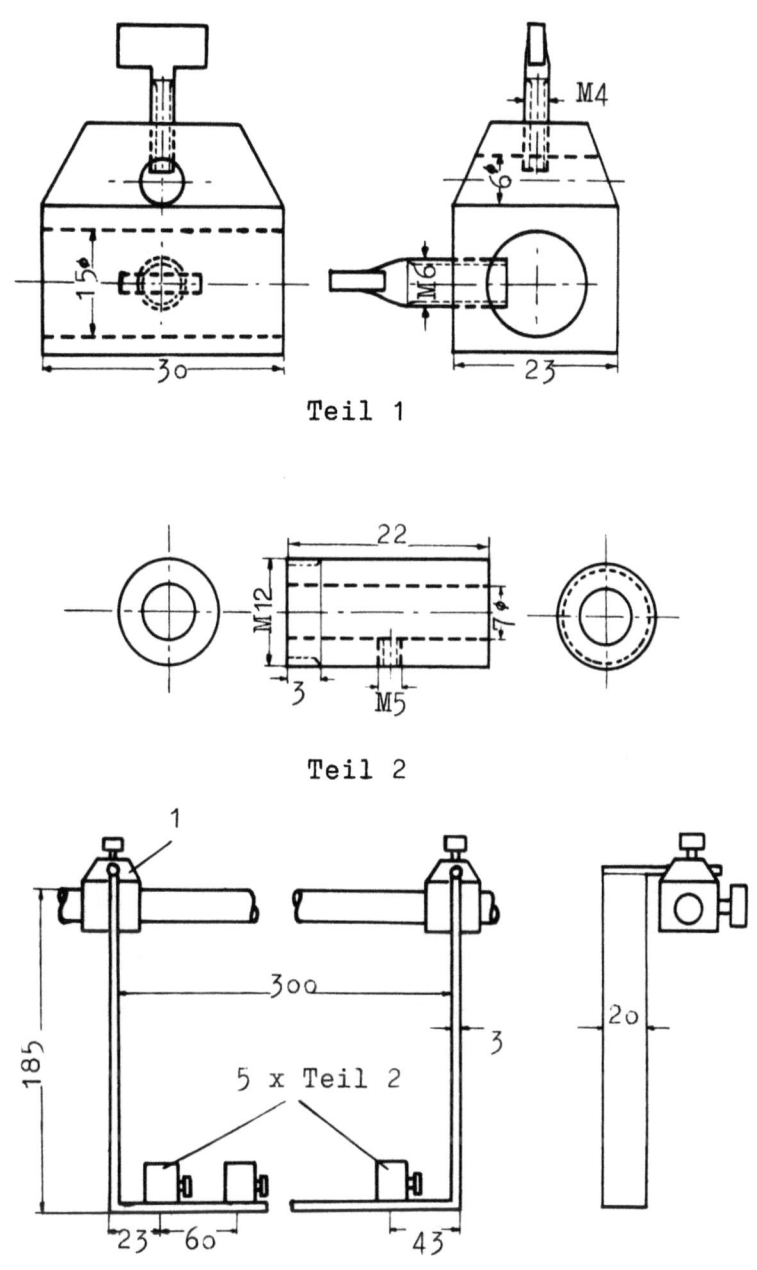

Abbildung 1

Zu diesem Zweck wurde als Anode ein rostfreies Blech mit einer Fläche von ca. 4,4 dm^2 bzw. 2,2 dm^2 in den Elektrolyten gebracht und für verschiedene Spannungen die zugehörigen Stromstärken gemessen. Als Kathoden wurden zwei rostfreie Stahlbleche verwendet, die sich in einem Abstand von 24,5 cm gegenüber standen. Die hier erhaltenen Versuchsergebnisse sind in Abb. 2a bis 3b wiedergegeben. Da sich infolge der langsamen Bildung der braunen, viskosen Schicht (bei Nichtabwartung des stationären Zustandes) keine reproduzierbaren Werte ergaben, wurden je 3 Meßreihen aufgenommen.

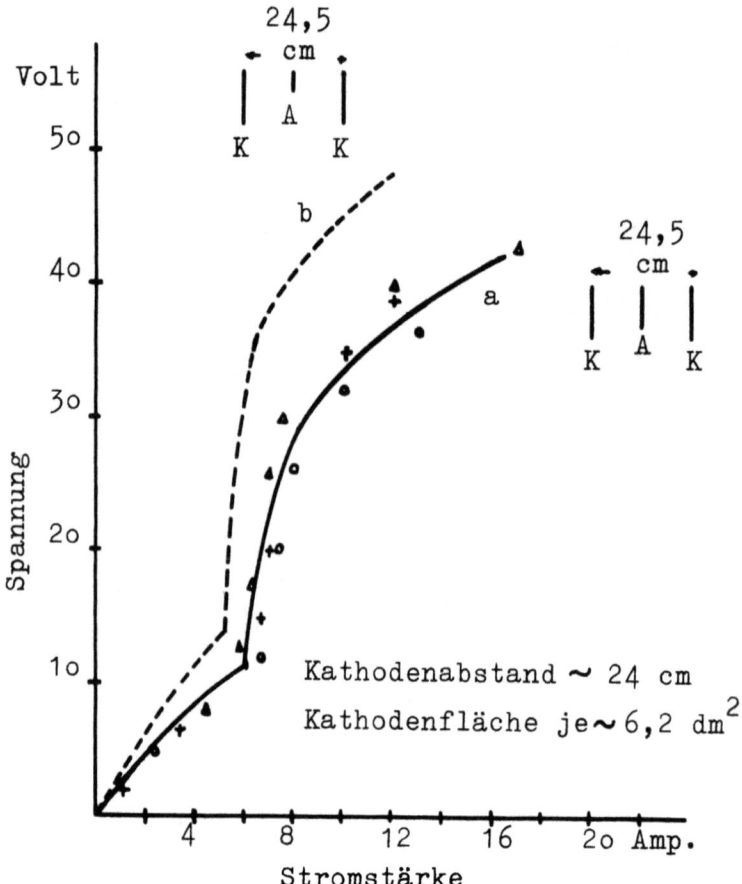

a Anodenfläche ~ 4,4 dm². Die Bildung des
   Polierfilms beginnt bei 12 Volt u. 6 Amp.
   Anodische Stromdichte: ~ 1,4 A/dm²

b Anodenfläche ~ 2,2 dm². Die Bildung des
   Polierfilms beginnt bei 14 Volt u. 5,3 Amp.
   Anodische Stromdichte: ~ 2,4 A/dm²

A b b i l d u n g   2

Die Kurven steigen bei kleinen Spannungen (bis ca. 1o V) und Stromstärken (bis ca. 5 Amp.) zunächst langsam an und gehen beim Erreichen eines gewissen Strom- und Spannungswertes (ca. 12 V u. 6 A bzw. 24 V u. 5,3 A) in einen sehr schnell ansteigenden Ast über. Dieses Verhalten erklärt sich, wie schon erwähnt, durch die erfolgende Bildung der braunen Schicht, die einen hohen spez. Widerstand besitzt. Wie man aus dem Vergleich der Kurven a und b (Abb. 2) erkennt, lassen sich die Strom- und Spannungswerte am Knickpunkt nicht in ein einfaches Verhältnis zur verwendeten Anodenfläche bringen.

In Abb. 4 bzw. Abb. 3c ist das in gleicher Weise erhaltene Versuchsergebnis für einen Kathodenabstand von 11 cm und einer Anodenfläche von 2,2 dm² dargestellt. Der Knickpunkt liegt in diesem Fall bei ca. 1o Volt

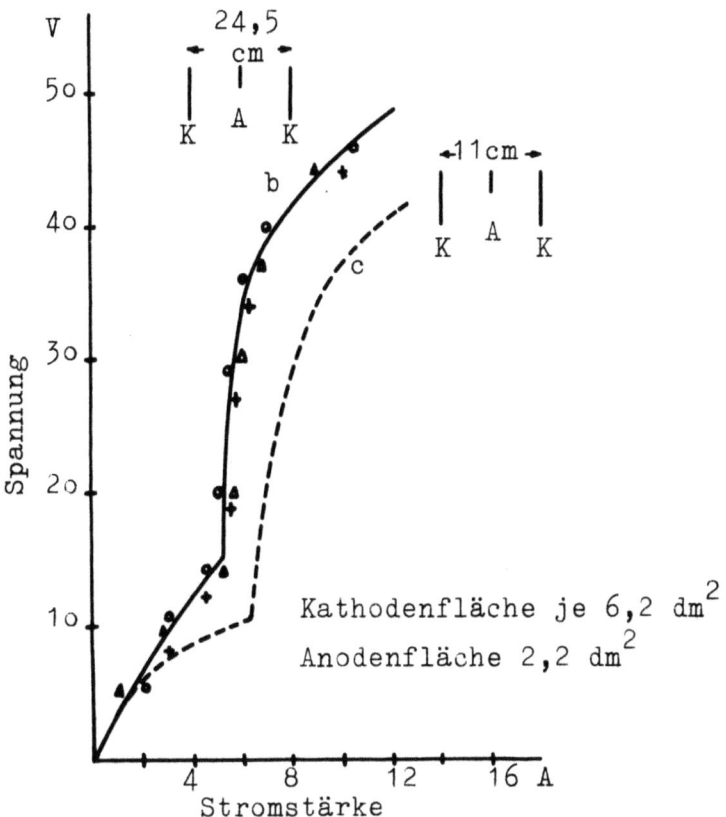

b Kathodenabstand 24,5 cm. Die Bildung der Polierschicht beginnt bei 14 V u. 5,3 A
   Anodische Stromdichte: ca. 2,4 A/dm².

c Kathodenabstand 11 cm. Die Bildung der Polierschicht beginnt bei 10 V u. 6,3 A
   Anodische Stromdichte: ca. 2,9 A/dm².

A b b i l d u n g   3

und 6,3 Amp. und läßt sich ebenfalls nicht in eine Beziehung zu der Verkürzung des Kathodenabstandes bringen.

Das Ergebnis dieser 3 Versuche legt es also nahe, daß man die für eine bestimmte Elektrodenanordnung und Elektrodenfläche günstige Badspannung bzw. Badstromstärke durch Aufnahme der Strom-Spannungs-Kurve feststellen muß. Bildet sich dann die für das Polieren erforderliche Schicht an der Anode aus, so ist zu einer geringen Erhöhung der Stromstärke eine starke Änderung der Badspannung erforderlich. Man arbeitet daher zweckmäßig mit einer Spannung die etwas höher liegt als die Spannung am Knickpunkt. Damit sollen die Ätzerscheinungen und die zu starke Erwärmung der Probenoberfläche vermieden werden.

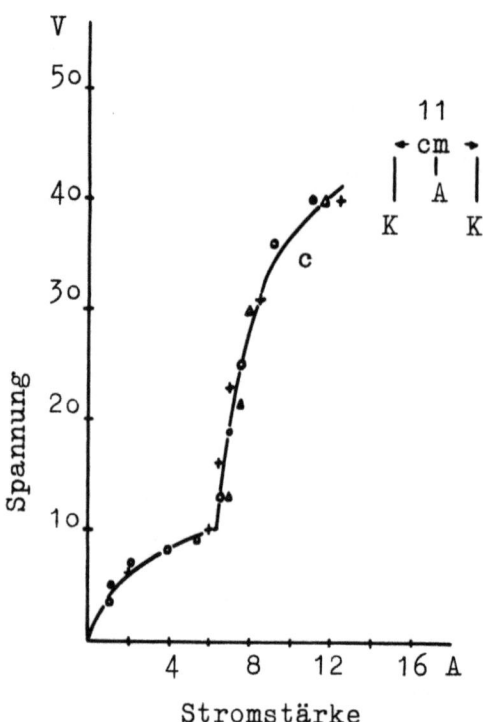

c Kathodenabstand 11 cm
   Anodenfläche 2,2 dm². Die Bildung des
   Polierfilms beginnt bei ca. 1o V u. 6,3 A.
   Anodische Stromdichte: ca. 2,9 A/dm²

A b b i l d u n g   4

Die folgenden Versuche befaßten sich mit 3 verschiedenen Elektrodenanordnungen, bei denen die Anode jeweils aus 5 in der oben genannten Halterung befestigten Tafelmesserklingen bestand (Abb. 5a, b, c). Es wurde wieder die Strom-Spannungs-Abhängigkeit aufgenommen und zwar wurde in diesem Fall bei der Ablesung der Meßwerte so lange gewartet (ca. 6o-9o sek), bis sich ein stationärer Spannungs- und Stromwert eingestellt hatte. Aus den Kurven ist zu entnehmen, daß man für alle 3 Elektrodenanordnungen mit einer "günstigsten Badspannung" von 14-16 Volt auskommen müßte, was ungefähr einer Stromstärke von ca. 5, 6-7 Amp. also bei der verwendeten Anodenfläche von 3 dm² einer Stromdichte von 1,9 - 2,3 Amp/dm², entspricht.

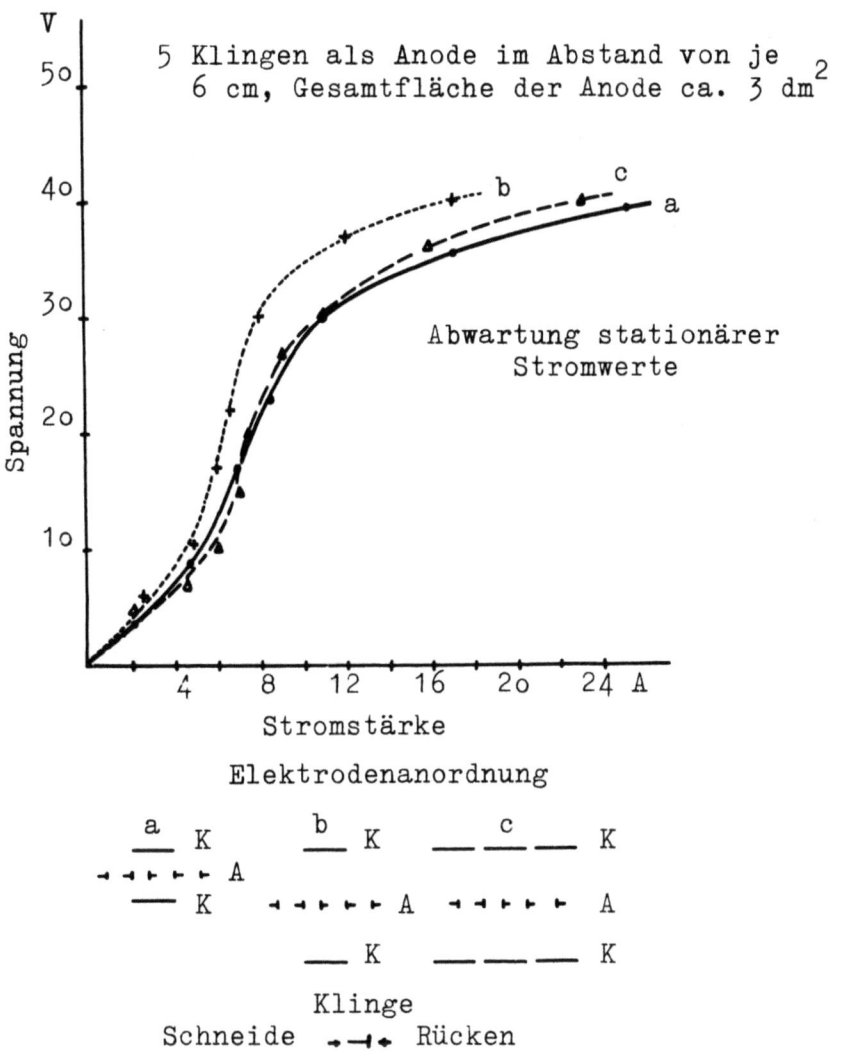

Bei ca. 12 V u. 5-7 A beginnt die Bildung des Polierfilms

Abbildung 5

Vorversuche zur Feststellung des Einflusses der Elektrodenanordnung auf die Abnahme der Schneidfähigkeit

Es ist bekannt, daß das elektrolytische Polierverfahren auch zum Entgraten von bearbeiteten Metallkanten benutzt werden kann. Dieses Entgraten geht ziemlich leicht und schnell vor sich, da die elektrische Feldstärke E an Spitzen, Kanten und Schneiden besonders groß ist. Nach der allgemein gültigen Beziehung $j = \sigma E$ (σ = spez. Leitfähigkeit) ist dann auch die Stromdichte j und damit die mit dem Stromfluß verbundene Abtragung sehr groß. Diese für manche Zwecke günstige Erscheinung (z.B. Entgratung des Messerrückens) beeinträchtigt beim elektrolytischen Polieren von Tafelmesserklingen die Schneidfähigkeit der Klinge. Es muß daher versucht werden, die an der Schneide auftretende erhöhte Feldstärke

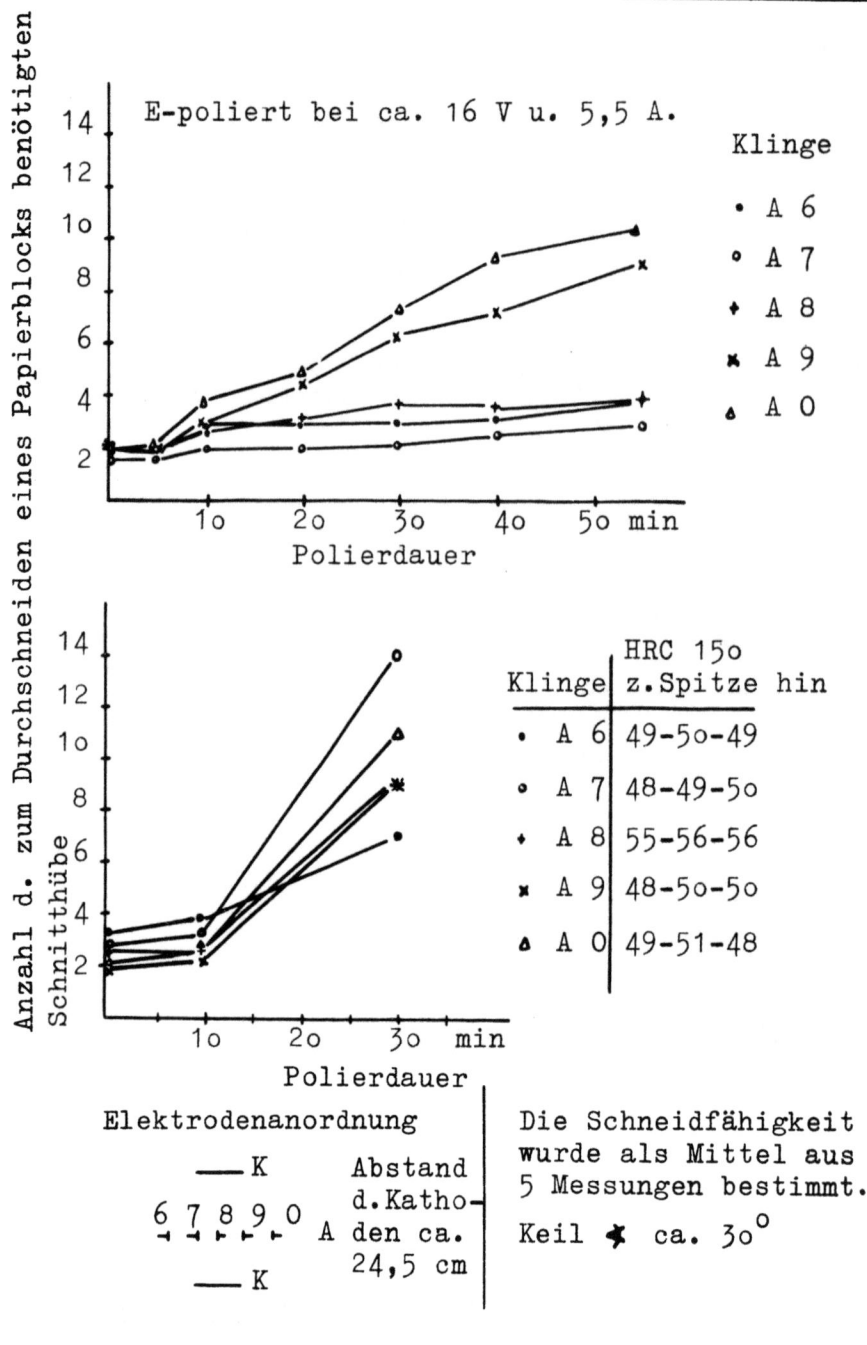

Abbildung 6

in irgendeiner Weise herabzusetzen. Bei näherer Betrachtung ergeben sich zwei Möglichkeiten dieses Ziel zu erreichen:

1. eine geeignete Elektrodenanordnung
2. der zusätzliche Einbau von Gegenanoden vor der Messerschneide, die die Schneide vor dem elektr. Feld abschirmen.

Der Einbau von Gegenanoden hat den Nachteil, daß ein zusätzlicher Stromfluß auftritt und durch die Abtragung der Gegenanode der Elektrolyt schneller unbrauchbar wird. Zunächst wurden nun einige Versuche mit verschiedener

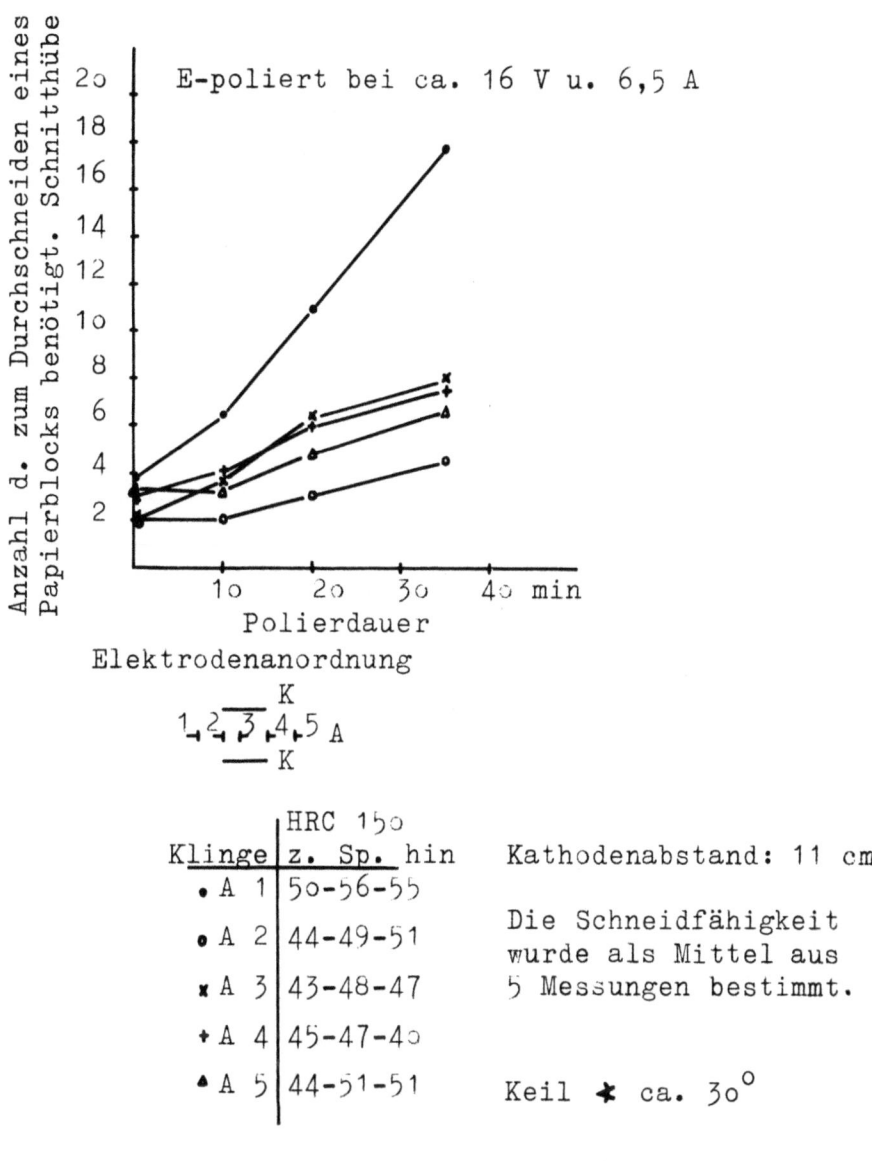

Abbildung 7

Elektrodenanordnung durchgeführt (Abb. 6 und 7). Die 5 Messer wurden so in die Haltevorrichtung eingespannt, daß die Klingen parallel zu den beiden Kathoden standen. Der Abstand der beiden Kathoden betrug 24,5 cm bzw. 11 cm. Vor Beginn und nach dem elektrol. Polieren wurde die Schneidfähigkeit als Mittel aus fünf Messungen bestimmt.

Die erhaltenen Kurven (Abb. 6 und 7) lassen nicht den gewünschten Erfolg erkennen. Nach der Theorie müßte die Schneidfähigkeit des den Kathoden gegenüberstehenden Messers (Messer 8 bzw. 3) am stärksten, die Schneidfähigkeit der äußeren Messer (o;6 bzw. 1;5) nur wenig vermindert worden sein. Ein derartiger Einfluß ist bei beiden Elektrodenanordnungen nicht zu bemerken. Da hierbei Messer verschiedener Sorten verwendet wurden, ist ein Einfluß verschiedener Zusammensetzungen bzw. der Vorbehandlung nicht ausgeschlossen. Es kann nur festgestellt werden, daß sich die Schneidfähigkeit nach einer Polierdauer von 1o min im allgemeinen nur wenig verschlechtert hatte. Diese Versuche müssen also noch mit einheitlichem Material wiederholt werden. Jedoch sind die Untersuchungen über den Einfluß des elektrolytischen Polierens auf die Schneidfähigkeit nicht vordringlich zu bewerten, da auch die mechanisch polierten Klingen erst nach dem Fertigpolieren abgezogen werden.

Die Verschlechterung der Polierwirkung durch Zunahme des Wassergehaltes im Elektrolyten

Während der Elektrolyt zu Beginn der Polierversuche eine gute Polierwirkung gezeigt hatte, wurde nach einiger Zeit beobachtet, daß der Elektrolyt bei Einhaltung der oben erwähnten Polierbedingungen nicht mehr polierte. Die Klingen waren nach der Neutralisation stark geätzt und mit einer schwarzen Schicht bedeckt. Eine Überprüfung der Strom-Spannungsabhängigkeit ergab eine zu höheren Stromstärken verschobene Strom-Spannungskurve. Der Knickpunkt lag jetzt bei ca. 1o-11 Amp. und ca. 18-2o Volt.

Bei Anwendung der nunmehr ungefähr doppelten Stromdichte wurden die Klingen zwar poliert, aber die Klingenflächen wiesen viele matte Flecken auf, die unter dem Mikroskop deutlich als feine Ätzungen zu erkennen waren. Die Ursache für das Auftreten dieser Flecken wurde schließlich in der Zunahme des Wassergehaltes und der damit verbundenen Leitfähigkeitserhöhung des Elektrolyten gefunden.

Nach einer genauen Untersuchung des Bades zeigte es sich, daß die mit Wood'schem Metall verschlossenen Öffnungen der dauernd unter Wasserdruck stehenden Sicherheitseinrichtung durch die Säuredämpfe angegriffen und undicht waren. Versuche, den Elektrolyten durch Zusatz von Essigsäureanhydrid und Natriumperchlorat neu einzustellen, endeten negativ. Im Verlaufe dieser Maßnahmen zeigte es sich auch, daß diese Flecken zum Teil auf die durch das Lufteinblasen erfolgende, ungleichmäßige Badumwirbelung und die damit zusammenhängende Entfernung der Polierfilms bzw. auf die Ätzwirkung der Perchlorsäure innerhalb des Zeitraumes zwischen dem Abschalten des Stromes und der Beendigung der Neutralisation zurückzuführen sind.

Forschungsberichte des Wirtschafts- und Verkehrsministeriums Nordrhein-Westfalen

Während die meisten Messerklingen in dem regenerierten Poliergemisch keinen Glanz mehr annahmen, machte eine bestimmte Messersorte eine Ausnahme. Die Politur der Oberflächen war sehr gut. Zur Aufklärung dieses verschiedenartigen Verhaltens wurden zwei verschiedene, gepließtete Messerklingen 1 und 2 unter den gleichen Bedingungen (bei 18 Volt und 1,7 Amp.) 20 Minuten poliert. Nach der Neutralisation zeigte die Klinge 1 eine matte Oberfläche, während die Klinge 2 gut geglänzt worden war. Die chemische Analyse ergab für

Klinge 1	Klinge 2
C = 0,39 %	C = 0,43 %
Cr = 13,38 %	Cr = 13,21 %
Ni = 0,15 %	Ni = 0,24 %

Die Rockwellhärte betrug (zur Spitze hin gemessen) für

Klinge 1	Klinge 2
51 - 51 - 51	56 - 56 - 58

Den wesentlichen Unterschied zwischen Messer 1 und 2 erbrachte die Gefügeuntersuchung:

Klinge 1	Klinge 2
Umwandlungstemperatur nicht hoch genug, ungelöste Karbide in großer Zahl vorhanden	stark überhitztes Gefüge

Nach diesen Untersuchungen liegt es nahe, das Ausbleiben der Glanzwirkung auf die große Zahl der ungelösten Karbide zurückzuführen, während das keine Karbide enthaltende Gefüge der Klinge 2 gleichmäßiger abgetragen wird und damit eine gut polierte Oberfläche zustande kommt.

Versuche mit einem neuen Perchlorsäure-Elektrolyten

Die zunächst aufgenommene Strom-Spannungsabhängigkeit (Abb. 8) zeigte für eine aus 5 rostfreien Messerklingen bestehende Anode den Knickpunkt bei ca. 18 Volt und 5 Amp. Die Polierstromdichte betrug also bei einer Gesamtfläche der Messerklingen von ungefähr 3 dm^2 ca. 1,7 Amp/dm^2. Die Messer wurden bei verschiedenen Spannungen zwischen 18 und 35 Volt poliert. Die Oberfläche wurde geglänzt, jedoch traten sehr viele Flecken auf, die unter dem Mikroskop betrachtet eindeutig von Anätzungen herrührten.

Forschungsberichte des Wirtschafts- und Verkehrsministeriums Nordrhein-Westfalen

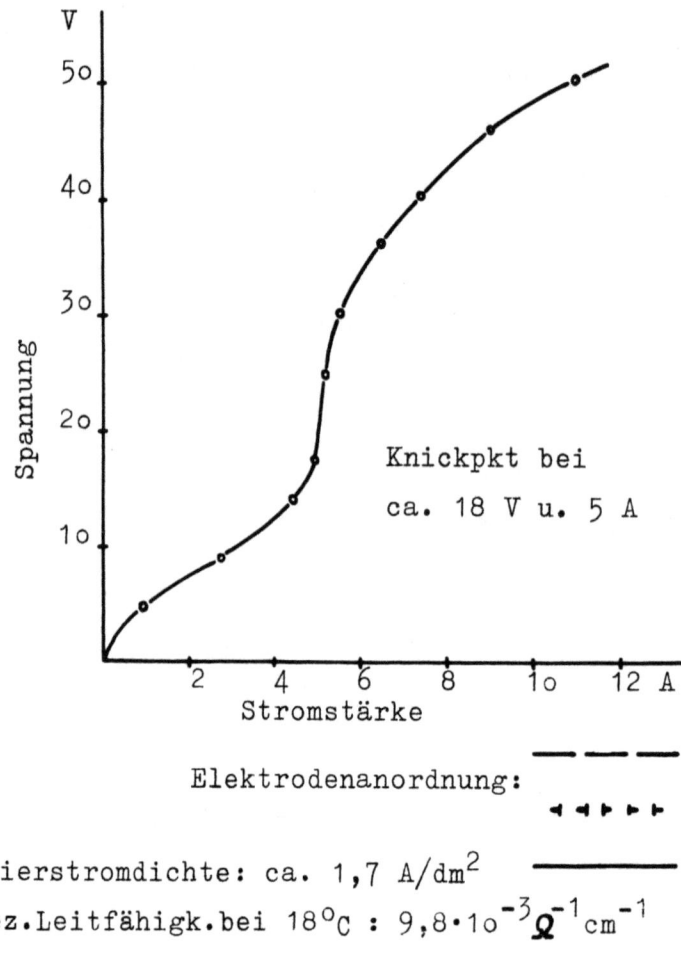

Polierstromdichte: ca. 1,7 A/dm^2
spez.Leitfähigk.bei 18°C : $9,8 \cdot 10^{-3} \Omega^{-1} \text{cm}^{-1}$

A b b i l d u n g   8

Der beim Polieren sich bildende Anodenfilm war sehr dünn. Nach Literaturangaben ist die Polierwirkung von neuen, keine Eisen- bzw. Chromsalze enthaltenden Elektrolyten nicht gut.

Zur genaueren Erfassung des Poliervorganges bei einem neuen Elektrolyten wurden nun einige Versuche angestellt, die im Folgenden näher beschrieben werden:

Es wurden 3 geströpte Tafelmesserklingen (HRc 45-50) bei verschiedenen Spannungen in gleichen Zeitabschnitten poliert und jeweils die Gewichtsabnahme infolge der Abtragung der Oberfläche bestimmt. Die entsprechenden Zahlenwerte sind in der folgenden Tabelle zusammengestellt. Der Glanz der Oberflächen verbesserte sich zwar mit zunehmender Polierdauer, jedoch trat auch eine starke Fleckenbildung auf. Die Profilaufnahmen P 5a bis P 5d geben die Oberflächenrauhigkeit der Klingen vor (P 5a) und nach 40 Minuten Polierdauer wieder.

Forschungsberichte des Wirtschafts- und Verkehrsministeriums Nordrhein-Westfalen

Polierspannung Stromstärke	Polierdauer (Min.)	Gewicht d. Klinge (g)	Gewichtsverlust (g)	Gesamtabtrag	Max. Rauhtiefe (μ)
40 V 1,5 - 2 A	0 10 20 40	32,2546 31,9542 31,6559 31,0253	 0,3004 0,2983 0,6306	1,2293 g $\triangleq$ 32 μ	ca. 3 μ (P 5b) ca. 1,5 μ
31 V 1,5 A	0 10 20 40	30,3956 30,0684 29,8376 29,3935	 0,3272 0,2308 0,4441	1,0021 g $\triangleq$ 26 μ	ca. 3 μ (P 5c) ca. 1 μ
20 V 1,2 - 1,5 A	0 10 20 40	30,6316 30,4460 30,2588 29,9200	 0,1856 0,1872 0,3388	0,7116 g $\triangleq$ 18 μ	ca. 3 μ (P 5d) ca. 1,5 μ

Aus dieser Tabelle ist ersichtlich, daß bei höheren Spannungen in gleichen Zeiten mehr abgetragen wird, da ja auch die Stromdichte höher ist. Insgesamt wurden während der Polierdauer von 40 Min. 18-32 μ abgetragen. Die max. Rauhtiefe nahm aber nur von 3 μ auf 1,0 - 1,5 μ ab. Die geringfügige Abnahme der max. Rauhtiefe kann nur damit erklärt werden, daß der Polierfilm bei dem neuen Elektrolyten nicht die notwendige Zähigkeit besitzt, um auf der Anode eine wirksame Schutzschicht zu bilden bzw. der Film wird schneller vom unverbrauchten Elektrolyten gelöst als er neu an der Anode entsteht.

Der Angriff des Poliergemisches erfolgt also bei einem neuen Elektrolyten nicht nur an den Spitzen der Oberfläche, sondern in beträchtlichem Maße auch in den Tälern. Es findet daher praktisch nur eine Parallelverschiebung der Oberfläche statt.

Die Aufnahmen (P 6a, b, c) zeigen die Verbesserung der Oberflächengüte von geströpten Tafelmesserklingen bei konstanter Spannung (44 V) und Stromstärke (1,5 A) nach 15, 30 bzw. 40 Min. Polierdauer. Es ist zwar die zunehmende Glättung der Oberfläche mit zunehmender Polierdauer erkennbar, im übrigen gilt aber das schon oben erwähnte.

Forschungsberichte des Wirtschafts- und Verkehrsministeriums Nordrhein-Westfalen

Polierversuche in einem Becherglas bei annähernd laminarer Strömung

Die vorausgegangenen Untersuchungen haben gezeigt, daß beim anodischen Polieren von rostfreien Tafelmesserklingen aus Chromstahl oft eine Beeinträchtigung des Glanzes der Oberfläche durch Fleckenbildung, matte Stellen und lokale Aufrauhung der Oberfläche eintritt. Die Ursachen für diese Fehler sind nicht ohne weiteres zu erkennen, insbesondere deshalb, weil sie mehr oder weniger willkürlich auftreten.

Beim Polieren einer bestimmten Messersorte kann die chem. Zusammensetzung und das Gefüge als annähernd gleichmäßig angenommen, ferner Polierspannung und -strom konstant gehalten werden. Man wird also nicht fehlgehen, wenn man die Ursachen für das unterschiedliche Ausfallen der Güte der einzelnen Klingenflächen in der willkürlich verlaufenden und deshalb nicht kontrollierbaren Bewegung des Elektrolyten sucht.

Durch die Bewegung des Elektrolyten wird die Dicke und die Zusammensetzung des Polierfilms, der sich an der Messeranode bildet, beeinflußt. Dieser Film ist nach der allgemeinen Auffassung maßgebend für die Güte der Politur. Durch das Lufteinblasen wird der Elektrolyt in wirbelnde Bewegung versetzt, und es ist verständlich, daß dadurch Ungleichmäßigkeiten in der Dicke und der Zusammensetzung des Polierfilms hervorgerufen werden, die dann die oben erwähnten Fehler in der Politur der Oberfläche bedingen. Die folgende Rechnung soll einen kurzen Überblick geben über die Größenordnung der elektrischen Werte in der Polierschicht. Eine Tafelmesserklinge mit einer Oberfläche von ca. 50 cm^2 befindet sich in der Versuchsanordnung zwischen zwei Kathoden im Abstand von je 1,5 cm. Legt man die Spannung U_o = 30 V an Anode und Kathode, so fließt anfänglich ein Strom Jo von ca. 10 Amp., der sich mit zunehmender Ausbildung des Polierfilms auf den konstanten Wert J = 1 Amp. erniedrigt. Aus diesen Angaben läßt sich nun die Spannungsverteilung und damit, bei Annahme einer Dicke des Polierfilms a_1 = 0,03 cm die Feldstärke in (E_1) und außerhalb (E_2) der Polierschicht und die wirksame spez. Leitfähigkeit σ_1 des Polierfilms abschätzen. Ist U_1 bzw. U_2 der Spannungsabfall in bzw. außerhalb der Polierschicht und R_1 bzw. R_2 die entsprechenden Widerstände, dann gilt

$$Jo = \frac{U_o}{R_o}; \quad J = \frac{U_1}{R_1} = \frac{U_2}{R_2}; \quad R_o \approx R_2$$

Hieraus folgt nun im einzelnen mit den angegebenen Zahlenwerten:

$$U_2 = 3 \text{ V} \qquad\qquad U_1 = 27 \text{ V}$$
$$R_o \approx R_2 = 3 \, \Omega \qquad\qquad R_1 = 27 \, \Omega$$

sowie $\qquad E_2 = \dfrac{U_2}{a_2} = 2 \text{ Vcm}^{-1} \qquad E_1 = \dfrac{U_1}{a_1} = 900 \text{ Vcm}^{-1}$

und mit $F_1 = 50 \text{ cm}^2$

$$\sigma_1 = \frac{1}{R_1} \cdot \frac{a_1}{F_1} = 0{,}02 \cdot 10^{-3} \, \Omega^{-1} \text{cm}^{-1}$$

Die Messung der spez. Leitfähigkeit des Elektrolyten ergibt

$$\sigma_2 = 9 \cdot 10^{-3} \, \Omega^{-1} \text{ cm}^{-1},$$

d.h. die spez. Leitfähigkeit in der Polierschicht müßte infolge der erhöhten Metallionenkonzentration um 1/450 abgesunken sein. Andererseits hat die Messung der Leitfähigkeit einer mit Eisen und Chrom gesättigten Elektrolyten nur 1/5 der Ausgangsleitfähigkeit ergeben. Die obige Annahme einer Polierfilmdicke von 0,03 cm ist also nicht ohne weiteres aufrechtzuerhalten. Wie weit sich die Annahme von anodischen Deckschichten (Oxydschichten) bei der Erklärung der anodischen Einebnung und Glänzung einbauen läßt, kann hier nicht entschieden werden.

Die berechneten Werte zeigen, daß 90 % der angelegten Spannung in der Polierschicht abfallen, daß also unmittelbar an der Messeroberfläche eine beträchtlich hohe Feldstärke wirksam ist. Dieser Wert ist natürlich nur als Mittelwert, also bezogen auf eine vollkommen glatte Oberfläche aufzufassen. Lokal können je nach der Rauhigkeit der Oberfläche wesentlich höhere Feldstärken an den Spitzen auftreten. Über den Mechanismus der Abtragung sind später noch einige Ausführungen nötig, die durch Versuche veranschaulicht werden können. Es scheint, daß diese hohe Feldstärke den guten Glanz der Oberfläche bewirkt, also die feinen Anätzungen durch den Elektrolyten verhindert. Diese feinen Anätzungen dürfen nicht mit der Abtragung, d.h. der Einebnung der Rauhigkeit der Oberfläche verwechselt werden. Es hat sich im Verlaufe vieler Versuche gezeigt, daß die Messerklinge oft infolge matter Stellen bzw. von Flecken (leichte Anätzungen) nicht als "gut" poliert bezeichnet werden konnten, obwohl die mit dem Forster-Gerät ausgemessene Rauhtiefe minimal ($<0,1\mu$) war. (Die Klingenfläche wurde nicht "geglänzt"). Wie man sich allerdings den Einfluß der hohen elektrischen Feldstärke bei der Verhinderung von Anätzungen vorzustellen hat, muß bis jetzt noch offen bleiben.

Es muß noch auf eine Folgerung aus der obigen Rechnung hingewiesen werden. Unmittelbar an der Messeroberfläche ist auch die Erwärmung durch die Stromwärme am größten. Es entstehen in 1 Sekunde 4,3 cal pro cm^3 Polierfilm. Näheres ist nicht auszusagen, da sowohl die spez. Wärme als auch der Wärmeleitungskoeffizient der Polierschicht nicht bekannt sind.

Durch die wirbelnde Badbewegung wurde nun bisher während des Polierens der Polierfilm in seiner Dicke und auch in seiner chem. Zusammensetzung, infolge von geringerer oder stärkerer Zufuhr des unverbrauchten Elektrolyten an verschiedenen Stellen willkürlich verändert. Es ist klar, daß dadurch bei konstanter Gesamtspannung große Unterschiede in der an der Messeroberfläche wirksamen elektr. Feldstärke auftreten können, die zu den erwähnten Mängeln der Politur führen.

Es ergab sich also zunächst die Aufgabe, für eine möglichst gleichmäßige Badbewegung zu sorgen. Bei der in Abb. 9 dargestellten Versuchsanordnung wurde die eingetauchte Messerklinge nahezu laminar vom Elektrolyten umströmt. Diese laminare Strömung wurde durch Drehung von 4 Mipolamscheiben erzeugt. Die Drehgeschwindigkeit und damit die Geschwindigkeit der Strömung konnte in einem gewissen Bereich verändert und so eingestellt werden, daß beim Polieren eine möglichst gute und gleichmäßige Politur erreicht wurde. Vergrößert man bei konstanter Spannung die Drehgeschwindigkeit, so vergrößert sich im allgemeinen die Stromstärke, verkleinert man sie, so erniedrigt sich die Stromstärke. Geht man aber zu sehr kleinen Drehgeschwindigkeiten über, so steigt die Stromstärke wieder an. Dieser Wiederanstieg läßt sich vielleicht auf die bei wenig bewegtem Elektrolyten auftretenden Konzentrationsänderungen an Anode und Kathode zurückführen.

Mit dieser Elektrodenanordnung wurden nun zahlreiche Polierversuche durchgeführt. Zunächst wurden 2 Liter des Poliergemisches nach Rezept neu angesetzt. Eine bestimmte Wassermenge wurde mit Essigsäureanhydrid gemischt (unter leichter Erwärmung) und dann einige Tropfen Perchlorsäure zugegeben.

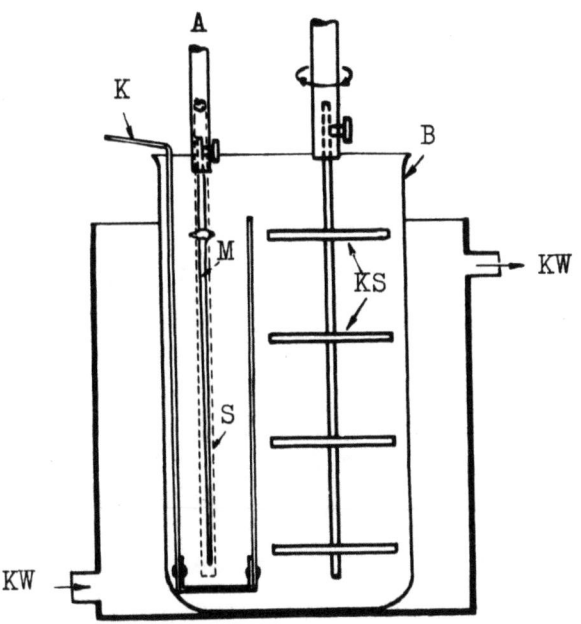

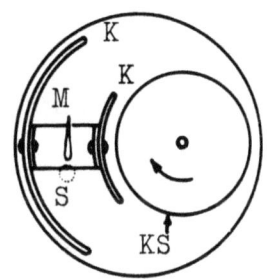

A   Anode
B   Becherglas
KS Kunststoffscheiben
K   Kathode
KW Kühlwasser
M   Messerklinge
S   Strömungsschutz

Abbildung 9

Dabei trat eine heftige Reaktion, verbunden mit einer verhältnismäßig großen Wärmeentwicklung und geringer Braunfärbung, ein. Bei weiterer Zugabe von Perchlorsäure wurde keine heftige Reaktion beobachtet, aber die Mischung erwärmte sich weiter. Das Becherglas wurde deshalb mit Wasser gekühlt und die Perchlorsäure in so kleinen Mengen zugegeben, daß die Temperatur des Gemisches nicht über 7o bis 8o°C anstieg.

Da sich die Braunfärbung des Gemisches nicht wesentlich vertiefte, wurde der Elektrolyt auf ca. 115°C erhitzt, bis sich die übliche Braunfärbung und Zähigkeit einstellte.

Anschließend wurde dann die spez. Leitfähigkeit des Elektrolyten gemessen, die sich auf $6,8 \cdot 10^{-3} \, \Omega^{-1} \, cm^{-1}$ bei 15°C belief.

Forschungsberichte des Wirtschafts- und Verkehrsministeriums Nordrhein-Westfalen

Für einen Teil der Versuche sind die Polierbedingungen der einzelnen Messer, sowie Angaben über die Oberflächenrauhigkeit, Rockwellhärte, chem. Zusammensetzung und die Abtragung durch das Polieren in den Tabellen I bis V enthalten.

Es wurden hauptsächlich gepließtete Messer anodisch poliert und die Dicke der abgetragenen Schicht aus der Gewichtsabnahme bestimmt. Diese ergibt sich aus der Beziehung

$$d\ (\mu) = \frac{G\ (g)\ \cdot\ 10^3}{S\ (g\cdot cm^{-3})\ \cdot\ F\ (cm^2)} = 23{,}4\ \cdot\ G\ (g)$$

Dabei ist $d\ (\mu)$ die Schichtdicke, $G\ (g)$ der Gewichtsverlust. Ferner wurde für die Rechnung das spez. Gewicht $s = 7{,}8\ g\ cm^{-3}$ und die Klingenfläche $F = 55\ cm^2$ gewählt.

Erklärung der Abkürzungen in den nachfolgenden Tabellen:

SD - Scheibendrehung
RS - Rückenschutz
RSt - Rücken gegen Strömung
SSt - Schneide gegen Strömung

Vergleicht man die Abtragung mit zunehmender Polierdauer mit der Abnahme der Rauhtiefe (Abb. 1o), so erkennt man, daß die Rauhtiefe mit zunehmender Polierdauer in gleichen Zeiten immer weniger abnimmt. Ferner beträgt die Abnahme der Rauhtiefe durchschnittlich nur $0{,}6\mu$, bei einer Abtragung von ca. 12μ. Es folgt daraus, daß das elektrolytische Polieren einer Oberfläche nicht nur eine Abtragung der Spitzen bewirkt, während die vom Polierfilm bedeckten Stellen nicht angegriffen werden, sondern es wird die gesamte Oberfläche fast gleichmäßig abgetragen. Die beim Polieren auftretende Einebnung der Spitzen kann somit nur auf die Spitzenwirkung der elektrischen Feldstärke und auf die damit verbundene höhere Stromdichte gegenüber der Umgebung zurückgeführt werden. Es ist dann auch die Verminderung der Rauhtiefenabnahme mit zunehmender Einebnung der Oberfläche verständlich.

Die in Abb. 1o dargestellte Kurve wurde mittels Rauhtiefenmessungen an einer fein gepließteten Klinge aufgestellt (Profilaufnahmen P 8a bis P 8d).

Forschungsberichte des Wirtschafts- und Verkehrsministeriums Nordrhein-Westfalen

Nr.	Rauhtiefe vor u. nach d.E-Polieren (μ)	Gewichtsverl. Abtragung (g) bzw. (μ)	Strom Spannung Pol.Dauer Bad.Temp.	Elektroden Anordnung Badbewegung	Mikroskop. bzw. Profil- Aufnahmen	Bemerkungen:
Messersorte A (blau gepließtet; 11,86 % Cr; 0,42 % C; HRc 50-49-45)						
1	0,3;0,5;1,3 0,2;0,3;1,0	0,195 g 4,5 μ	0,8 A 31 V 10 min. 15°C	SD 5; SSt		Punktförmige und ver- ästelte Ätzungen, sonst gut geglänzt
2	0,3;0,5;1,6 0,2;0,4;1,3	0,333 g 7,8 μ	1,2 A 32 V 15 min. 17°C	SD 6; SSt		gut geglänzt, Flecken
3	0,3;0,5;1,5 0,2;0,3;1,1	0,443 g 10,4 μ	0,75 A 32 V 30 min. 16°C	SD 4,3; SSt		wenig Flecken, Schlie- ren an Schneide, sonst gut geglänzt
4	0,3;0,5;1,4 0,2;0,3;1,2	0,239 g 5,6 μ	0,8-1,0 A 33 V 20 min. 18°C	SD 4,8; RSt		Flecken, Schlieren am Rücken, schlecht ge- glänzt
5	0,3;0,5;1,5 0,2;0,3;1,2	0,589 g 13,8 μ	1,2-2,0 A 34 V 20 min. 20°C	SD 6; RSt		Flecken, Schlieren am Rücken, schlecht ge- glänzt

I

Nr.	Rauhtiefe vor u. nach d.E-Polieren (μ)	Gewichtsverl. Abtragung (g) bzw. (μ)	Strom Spannung Pol.Dauer Bad.Temp.	Elektroden Anordnung Badbewegung	Mikroskop. bzw. Profil-Aufnahmen	Bemerkungen:
Messersorte B_1 (fein gepließtet; 13,3 % Cr; 0,38 % C; HRc 51-53-52)						
1	0,3;1,2;2,3 / 0,1;0,7;1,6	0,395 g / 9,2 μ	0,95 A / 30 V / 15 min. / 16°C	SD 5,4; RSt	P 8a, b	gut poliert, Rücken-risse, Schlieren am Rücken
1	0,1;0,7;1,6 / 0,1;0,5;1,3	0,314 g / 7,4 μ	1,2 A / 32 V / 15 min. / 16°C	SD 5,4; RSt	P 8b, c	gut poliert, Rücken-risse, Schlieren am Rücken
1	0,1;0,5;1,3 / 0,1;0,4;1,0	0,329 g / 7,7 μ	1,2 A / 36 V / 15 min. / 16,5°C	SD 4,8; RSt	P 8c, d	poliert, Rückenrisse, Schlieren an Rücken u. Klingenfläche
2	0,3;0,5;1,2 / 0,1;0,5;1,0	0,178 g / 4,2 μ	0,8 A / 29 V / 10 min. / 13°C	SD 5; RSt		gut poliert, Rücken-risse, einige Schlieren am Rücken
3	0,3;0,7;1,4 / 0,2;0,5;1,2	0,359 g / 8,4 μ	0,9-1,0 A / 32 V / 20 min. / 15-17°C	SD 4,9; RS		gut geglänzt, Rücken-risse, einige Schlieren auf Klingenfläche
4	0,3;0,8;1,5 / 0,2;0,7;1,2	0,364 g / 8,5 μ	0,9-1,1 A / 30 V / 20 min. / 13-16°C	SD 4,9; RS	P 9b	gut geglänzt, Rücken-risse, Schlieren am Rücken
5	0,3;0,6;1,2 / 0,1;0,3;1,0	0,455 g / 10,6 μ	1,2-1,0 A / 32 V / 20 min. / 18-16°C	SD 5,4; RS		gut geglänzt, Rücken-risse, Schlieren auf Klingenfläche

Nr.	Rauhtiefe vor u. nach d.E-Polieren (μ)	Gewichtsverl. Abtragung (g) bzw. (μ)	Strom Spannung Pol.Dauer Bad.Temp.	Elektroden Anordnung Badbewegung	Mikroskop. bzw. Profil-Aufnahmen	Bemerkungen:
Messersorte B_2 (vorpoliert; Stahlfehler; 13,4 % Cr; 0,38 % C; HRc 50-52-50)						
1	i.a. <0,1 <0,2	0,215 g 5 μ	1,3 A 30 V 10 min. 17°C	SD 5,4; RS		geglänzt, Flecken
2	i.a. <0,1 <0,2	0,246 g 5,8 μ	1,4-1,2 A 30 V 10 min. 17°C	SD 5,4; RS		gut geglänzt, einige Flecken
Messersorte C (blau gepließtet; 13,47 % Cr; 0,41 % C; HRc 50-50-48)						
1	0,3;0,5;1,3; 0,1;0,3;1,0	0,390 g 9,1 μ	1,1 A 30 V 20 min. 15°C	SD 5,4; RS	P 9a	gut poliert, Schlieren am Rücken und an Klingenfläche
2	0,3;0,6;1,6; 0,1;0,3;1,1	0,423 g 9,9 μ	1,1-1,3 A 32 V 20 min. 14-17°C	SD 5; RS		Schlieren am Rücken, gut geglänzt, Flecken an Spitze
3	0,3;0,6;1,6; 0,2;0,4;1,4	0,430 g 10,1 μ	1,2 A 30 V 20 min. 18°C	SD 4,9; RS		gut geglänzt
4	0,3;0,6;1,7; 0,1;0,3;1,4	0,357 g 8,4 μ	1,3 A 31 V 15 min. 18°C	SD 5; RS		gut geglänzt

Forschungsberichte des Wirtschafts- und Verkehrsministeriums Nordrhein-Westfalen

Nr.	Rauhtiefe vor u. nach d.E-Polieren (μ)	Gewichtsverl. Abtragung (g) bzw. (μ)	Strom Spannung Pol.Dauer Bad.Temp.	Elektroden Anordnung Badbewegung	Mikroskop. bzw. Profil- Aufnahmen	Bemerkungen:
Messersorte D (blau gepließtet; 13,55 % Cr; 0,39 % C; HRc 49-50-51)						
1	0,2;0,5;1,0; 0,1;0,4;0,8	0,170 g 4 μ	0,95 A 30 V 10 min. 14°C	SD 4,4; RS	M Ia, b	keine Flecken, gut geglänzt, Stahlfehler
1	0,1;0,4;0,8; 0,1;0,3;0,7	0,184 g 4,3 μ	1,0 A 30 V 10 min. 16°C	SD 4,9; RS	M Ib, c	Flecken
2	0,2;0,5;1,0; 0,2;0,5	0,339 g 7,9 μ	0,8 A 30 V 25 min. 14°C	SD 4,9; RS		gut geglänzt
3	0,2;0,5;1,0; 0,2;0,5	0,404 g 9,5 μ	0,9 A 30 V 25 min. 15°C	SD 4,9; RS		gut geglänzt
4	0,3;0,6;1,1; 0,2;0,5;1,0	0,224 g 5,2 μ	1,2 A 30 V 10 min. 14-16°C	SD 5,3; SSt		keine Schlieren, viele Flecken
Messersorte W (geströpt; 12,87 % Cr; 0,45 % C; HRc 44-46-43)						
1	3;8; - -	0,184 g 4,3 μ	0,95 A 30 V 10 min. 14,5°C	SD 4,4; RS	M IIa, b P 9c	gut geglänzt, keine Flecken
1	- - 2;3;	0,233 g 5,5 μ	1,1-1,2 A 30 V 10 min. 19°C	SD 4,4; RS	M IIb, c P 9d	Flecken, Stahlfehler

IV

Forschungsberichte des Wirtschafts- und Verkehrsministeriums Nordrhein-Westfalen

Nr.	Rauhtiefe vor u. nach d.E-Polieren (μ)	Gewichtsverl. Abtragung (g) bzw. (μ)	Strom Spannung Pol.Dauer Bad.Temp.	Elektroden Anordnung Badbewegung	Mikroskop. bzw. Profil-Aufnahmen	Bemerkungen:
Messersorte E_1 (blau gepließtet; 13,2 % Cr; 0,43 % C; HRc 56-56-58						
1	0,2;0,5;1,0		0,95 A 31 V 20 min. 15°C	SD 6; RSt	M IIIa	nicht geglänzt, drei verschiedene Gefüge
2	0,2;0,5;1,0		0,7 A 31 V 20 min. 14°C	SD 4; RSt		nicht geglänzt, drei verschiedene Gefüge
Messersorte E_2 (blau gepließtet; 13,5 % Cr; 0,38 % C; HRc 51-51-51)						
1	0,2;0,5;1,0		1,0-1,2 A 31 V 20 min. 14-16°C	SD 6; RSt		gut geglänzt
2	0,2;0,5;1,3		1,3-1,9 A 31 V 20 min. 19-22°C	SD 5; RSt		gut geglänzt
Messersorte E_3 (blau gepließtet; 15,3 % Cr; 0,58 % C; HRc 48-50-49)						
1	0,2;0,4;1,0		0,8 A 31 V 20 min. 15°C	SD 4; RSt		schlecht geglänzt, zu viele Stahlfehler
2	0,2;0,5;1,1		1,2 A 31 V 20 min. 17°C	SD 4,4; RSt		schlecht geglänzt, zu viele Stahlfehler

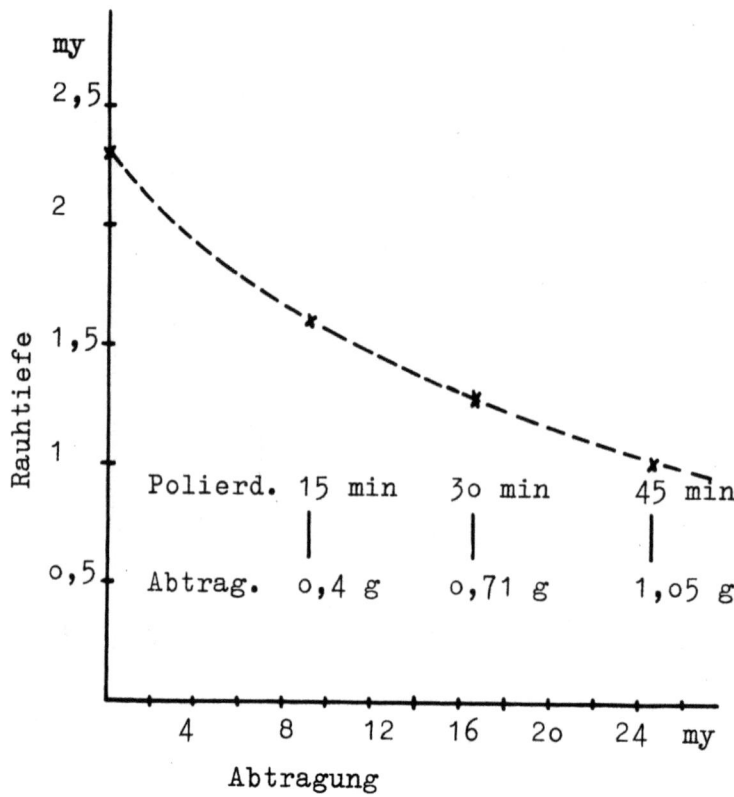

(zugehör. Profilaufnahmen P 8a bis P 8d)

A b b i l d u n g 1o

Man kann nun für das Polieren von gepließteten Klingen folgende Folgerungen aus den obigen Ausführungen ziehen:

Gepließtete Klingen haben im allgemeinen eine Rauhtiefe von o,2 - o,3 μ. Es sind aber noch Schleifriefen bis zu Tiefen von o,5 μ, und teilweise sogar bis 2,5 μ vorhanden, wie Aufnahmen mit dem Forster-Gerät beweisen (P 8a, 9a, 9b). Nach 15 Minuten Polierdauer ist die Klinge schon so weit poliert (P 8b, 9b), daß die im allgemeinen vorliegende Oberflächenrauhigkeit bis o,5 μ beseitigt ist. Die tieferen Schleifriefen treten aber jetzt sehr deutlich hervor und man würde noch unverhältnismäßig viel Zeit aufwenden müssen, um auch sie zu entfernen. Ferner steigert sich bei längerer Polierdauer die Gefahr des Auftretens von Polierfehlern.

Im Zusammenhang mit der Abtragung ist noch auf die Stromausbeute einzugehen. Nach Literaturangaben besteht der Polierfilm bei Abtragung von

Eisen aus $Fe_2(CH_3CO_2)(OH)_2ClO_4$. Dies bedeutet, daß das Eisen in der 2-wertigen Form gelöst werden muß. Bei ähnlichem Verhalten des Chroms müßten somit bei Messerstahl nach der Theorie durchschnittlich

$$0{,}13 \cdot \frac{52{,}01 \cdot 60}{96490 \cdot 2} + 0{,}87 \cdot \frac{55{,}85 \cdot 60}{96490 \cdot 2} = 1{,}72 \cdot 10^{-2}$$

Gramm Metall pro Ampère und Minute abgelöst werden. Bildet man den Mittelwert aus den in den Tabellen I bis V Werten für die Abtragung, so erhält man damit für die wirkliche Abtragung den Wert

$$1{,}86 \cdot 10^{-2} \text{ g} \cdot \text{Amp.}^{-1} \cdot \text{Min}^{-1}$$

Dieser Zahlenwert ist etwas größer als der theoretisch berechnete, da die durchgeflossene Elektrizitätsmenge nicht genau bestimmt werden konnte. Bei genauen Messungen mit dem Coulombmeter wäre natürlich auch die Wasserstoffentwicklung zu berücksichtigen. Es steht aber fest, daß die Stromausbeute somit sehr hoch, größer als 90 % sein muß.

Die neue Versuchsanordnung (Abb. 9) brachte einige Fortschritte in der Güte der Politur der Oberfläche. Die Flecken waren weit weniger zahlreich vertreten als bei der Badbewegung mittels Luftumwirbelung. Es wurden auch zahlreiche Messerklingen ohne Flecken erhalten. Für diese Versuchsanordnung ergaben sich folgende günstige Polierbedingungen bei einer spez. Leitfähigkeit des Elektrolyten von ca. $7 - 10 \cdot 10^{-3} \Omega^{-1} \text{cm}^{-1}$ und einem Metallgehalt von ca. 0 - 10 gr/Lit.:

Polierspannung:	25 - 35 Volt
Stromstärke :	0,8 - 1,3 Amp.
Badtemperatur :	14 - 20°C
Scheibendrehgeschwindigkeit :	SD 4,9 - 5,4

Mit der (teilweisen) Beseitigung der Flecken bei laminarer Umströmung der Messeranode trat aber gleichzeitig ein vorher nicht beobachteter Fehler in der Politur der Oberfläche in Erscheinung. Die der Strömung zugekehrte Stirnfläche der Messerklinge (Messer-Rücken und -Schneide) wies stellenweise "schlierenartige" ungleichmäßige Abtragungen auf (keine Ätzungen), die sich von der Stirnkante aus bis auf die Klingenfläche erstreckten.

Die Ursache dieser "Schlieren" sind kleine Teilchen (wahrscheinlich verdickter Elektrolyt), die sich durch die fast laminare Strömung begünstigt, besonders an der Stirnkante und teilweise auch im Polierfilm auf der Klingenfläche festsetzen. Diese Teilchen sind beim Herausnehmen des Messers leicht zu erkennen. Die schlierenartige Abtragung verläuft genau im Strömungsschatten. Es ist hieraus wieder ersichtlich, wie wichtig geeignete Strömungsverhältnisse für eine gute Politur der Oberfläche sind.

Die Schlieren am Messerrücken konnten fast restlos durch Abdeckung der Stirnkante mit Hilfe eines kunststoffisolierten Stäbchens beseitigt werden. Es muß jedoch versucht werden, ob sich diese Verdickungen des Elektrolyten durch geringen Wasserzusatz auflösen lassen.

Die Profilaufnahmen P 9c und P 9d zeigen die Oberflächenrauhigkeit einer geströpten Messerklinge vor und nach einer Polierdauer von 20 Min. Die Rauhtiefe der geströpten Klinge beträgt ca. 3μ, jedoch sind auch Schleifriefen mit Tiefen bis zu 8μ vertreten.

Die Aufnahmen M Ia, b, c bzw. IIa, b, c zeigen die Beschaffenheit der Oberflächen einer geplißteten bzw. geströpten Klinge, wie sie unter dem Mikroskop bei 11-facher Vergrößerung aussehen. Es wurde vor und nach dem Polieren jeweils die gleiche Stelle der Oberfläche photographiert. Während die Aufnahmen vor dem Polieren keinen wesentlichen Unterschied zwischen der geplißteten und der geströpten Klinge aufweisen, tritt dieser nach dem Polieren deutlicher hervor. Mit der zunehmenden Verbesserung der Oberfläche ist aber zugleich die Zunahme der feinen Anätzungen zu erkennen.

Im Verlaufe der Polierversuche zeigte sich auch beim Polieren verschieden legierter Messerstähle, daß sowohl die Legierung als auch das Gefüge des Stahls von großem Einfluß auf die Politur der Oberfläche sein können. Es wird später noch darüber berichtet werden, wenn die chem. Zusammensetzung der einzelnen Messersorten, sowie das Gefüge bekannt sind.

Polierversuche mit Perchlorsäure-Essigsäure-Gemischen verschiedener Zusammensetzung

In der Literatur werden für das elektrolytische Polieren von rostfreiem Stahl noch einige Perchlorsäure-Essigsäure-Gemische angegeben, deren Eignung für das Polieren von rostfreien Tafelmesserklingen mit martensitischem Gefüge in den nun folgenden Versuchen überprüft werden soll.

Die bisher durchgeführten Untersuchungen haben ergeben, daß die erreichte Glänzung der Klingenfläche, abgesehen von den unregelmäßig auftretenden Ätzflecken, gut ist, jedoch nicht die Glanzwirkung einer mechanisch polierten Klinge erreicht. Noch entscheidender aber ist die Feststellung, daß die infolge ungenügender mechanischer Vorbereitung der Oberfläche noch vereinzelt vorhandenen Schleifriefen nur nach einer unverhältnismäßig langen Polierdauer entfernt werden können. Dieser Umstand ist im wesentlichen eine Folge der geringen, anwendbaren Stromdichte (1,6 - 2,6 A/dm^2), der ja die Abtragungsgeschwindigkeit proportional ist.

Diese Versuche werden im Folgenden beschrieben. Sie werden gemäß Abb. 9 in einem 2 l-Becherglas durchgeführt. Die Herstellung der Polierlösung erfolgte in der üblichen, bereits angegebenen Weise. Nach Literaturangaben sollte der Polierbereich dieser Lösungen 1,5 - 15 A/dm^2 umfassen. Die Zusammensetzung der Lösungen, die verwendeten Messersorten, die Polierbedingungen und die Ergebnisse sind stichwortartig aufgeführt.

Poliergemisch I: 333 cm^3 $HClO_4$ (1,61)
                   666 cm^3 Azetanhydrid

In Abb. 11 ist die zugehörige Strom-Spannungskurve dargestellt, die bei 15°C mit einer Klinge von ca. 0,5 dm^2 Fläche aufgenommen wurde. Die Polierstromdichte lag also zwischen 1,5 und 2 A/dm^2 bei einer Spannung von 10 bis 35 Volt.

Polierversuche:

Die großen Buchstaben am Anfang beziehen sich auf die Messersorte, SD 3 bzw. 4 bzw. 6 entspricht einer langsamen bzw. mäßigen bzw. schnellen Drehung der Mipolamscheiben (Abb. 9).

G (1) fein gepließtet; 10 V; 0,85 A; 15-16°C; SD 4; 5 min;
geringe Ätzung, Flecken

G (2) fein gepließtet; 15 V; 0,85 A; 15°C; SD 4; 10 min;
sehr feine Ätzung, Flecken

G (3) fein gepließtet; 20 V; 0,9 A; 16°C; SD 4; 10 min;
feine Ätzung, Flecken

G (4) fein gepließtet; 25 V; 10 A; 19°C; SD 4; 10 min;
feine Ätzung, Flecken

G (5) fein gepließtet; 30 V; 1,0 A; 18°C; SD 4; 10 min;
feine Ätzung, Flecken

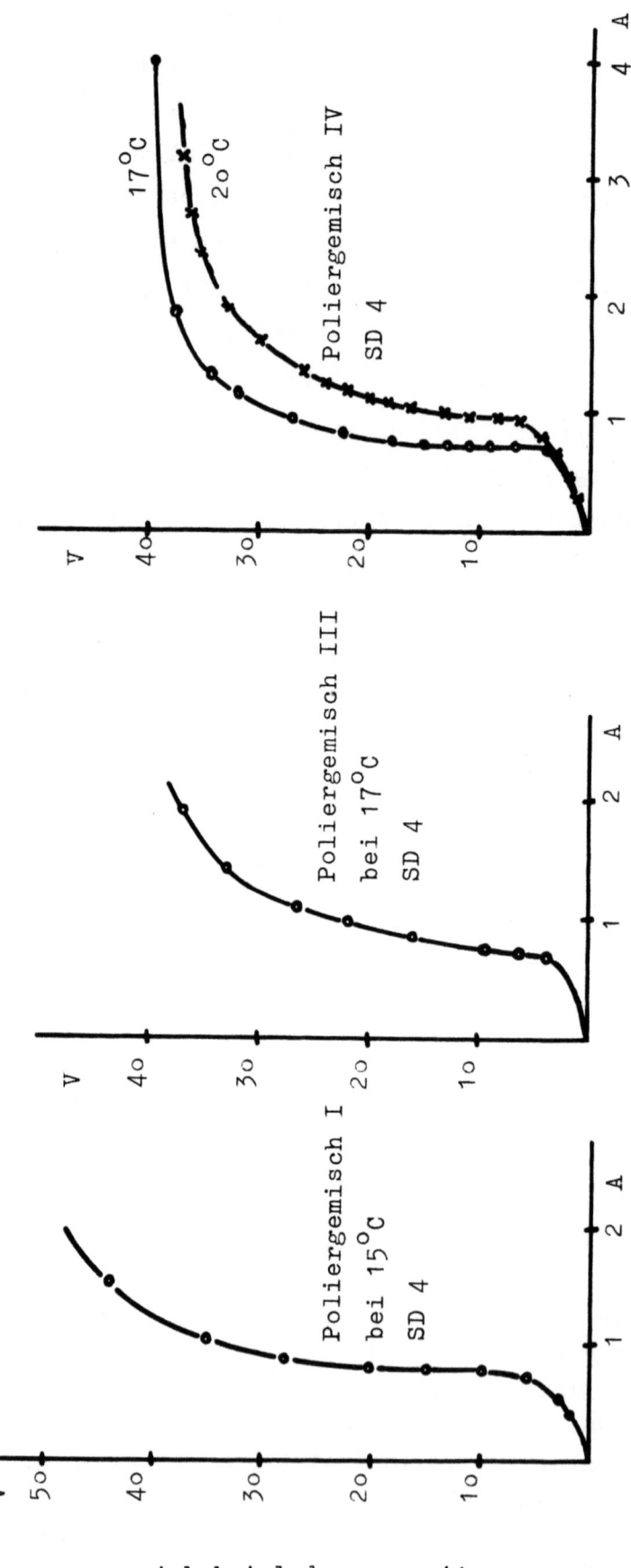

Abbildung 11

G (6)   fein gepließtet; 25 V; 2,0 A; 19°C; SD 2; 10 min;
        Ätzung, zahlreiche Flecken

G (7)   fein gepließtet; 30 V; 20°C; 6,0 A; SD 0; 5 min;
        starke Ätzung, Flecken

G (8)   fein gepließtet; 11 V; 0,9 A; 19°C; SD 4; 5 min;
        sehr geringe Ätzung, einige Flecken

A (12) blau gepließtet; 28 V; 0,95 A; 15°C; SD 6; 10 min;
        starke Ätzung, porige Oberfläche

A (14) blau gepließtet; 35 V; 1,2 A; 17°C; SD 6; 10 min;
        starke Ätzung, Oberfläche porig, Flecken

B_1 (5) fein gepließtet; 20 V; 0,8 A; 16°C; SD 6; 10 min;
        starke Ätzung, Oberfläche porig, Flecken

B_1 (7) fein gepließtet; 25 V; 0,8 A; 16°C; SD 4; 10 min;
        geringe Ätzung, Flecken

C (3)   fein gepließtet; 20 V; 0,8 A; 17°C; SD 4; 5 min;
        sehr geringe Ätzung, Flecken

C (5)   fein gepließtet; 30 V; 0,95 A; 17°C; SD 4; 15 min;
        geringe Ätzung, fast keine Flecken

Aus diesen Versuchen ist zu entnehmen, daß die Klingen im allgemeinen etwas geätzt werden, was wahrscheinlich auf den jetzt größeren Anteil der Perchlorsäure zurückzuführen ist. Es scheint auch, daß bei schnellerer Badbewegung (SD 6) die Schutzwirkung des Polierfilms nachläßt, wodurch die Beizwirkung der Perchlorsäure mehr zur Geltung kommt.

Poliergemisch II: 212 cm^3 $HClO_4$ (1,61)
                   788 cm^3 Azetanhydrid

Die mit der Polierlösung II bei den verschiedensten Spannungen und Stromdichten durchgeführten Polierversuche ergaben keine unseren Ansprüchen genügende Glänzung der Klingen, die meist mehr oder weniger deutlich geätzt waren. Es ist hier noch zu erwähnen, daß auch die Klingen mit überhitztem Gefüge starke Ätzungen zeigten (Vgl. dazu S. 19).

Poliergemisch III: 206 cm^3 $HClO_4$ (1,61)
                    764 cm^3 Azetanhydrid
                    30 cm^3 H_2O

Für diese Polierlösung ist in Abb. 11 die Stromspannungs-Charakteristik bei einer Badtemperatur von 17°C dargestellt. Der Polierbereich reicht von 1,5 - 2,5 A/dm^2 bei Spannungen von 7 - 30 Volt.

Forschungsberichte des Wirtschafts- und Verkehrsministeriums Nordrhein-Westfalen

Polierversuche:

G (9) fein gepließtet; 27 V; 1,35 A; 19,5°C; SD 4; 10 min;
keine Ätzung, in fließ. Wasser gespült - keine Flecken

G (10) fein gepließtet; 27 V; 1,35 A; 19,5°C; SD 4; 10 min;
keine Ätzung, neutralisiert in Na_2CO_3 - Flecken

G (11) fein gepließtet; 27 V; 1,55 A; 19°C; SD 6; 10 min;
keine Ätzung, in fließ. Wasser gespült - keine Flecken

G (12) fein gepließtet; 27 V; 1,55 A; 19,5°C; SD 6; 11 min;
keine Ätzung, neutralisiert in Na_2CO_3 - Flecken

G (3) geströpt; 27 V; 1,4 A; 19°C; SD 4; 5 min;
keine Ätzung, in fließ. Wasser gespült - keine Flecken

G (4) geströpt; 30 V; 1,6 A; 20°C; SD 4; 10 min;
geringe Ätzung, neutralisiert in Na_2CO_3 - Flecken

G (13) fein gepließtet; 23 V; 2,25 A; 21°C; SD 2; 10 min;
in fließ. Wasser gespült - keine Flecken

G (14) fein gepließtet; 23 V; 2,2 A; 20°C; SD 2; 15 min;
in fließ. Wasser gespült - teilweise matt;

Die Polierwirkung des Gemisches III war sehr gut, die Klingenoberflächen waren praktisch nicht geätzt. Nach diesen Versuchen scheint eine Neutralisation der Klingen in Na_2CO_3 das Auftreten von Flecken zu begünstigen, während die Fleckenbildung durch Abspülen des Polierfilms in fließendem Wasser weitgehend vermieden wird.

Poliergemisch IV: 185 cm^3 $HC2O_2$ (1,61)
765 cm^3 Azetanhydrid
50 cm^3 H_2O

Mit dem Gemisch IV wurde eine große Anzahl von Versuchen durchgeführt, bei denen vor allem die Drehgeschwindigkeit der Mipolamscheiben variiert bzw. die Badbewegung durch Einblasen von Luft erzeugt wurde. Ferner wurden die Klingen nach dem Herausnehmen, möglichst unter Spannung, entweder in Na_2CO_3 neutralisiert oder in fließendem Wasser abgespült. Als Ergebnis dieser Versuche läßt sich folgendes hervorheben:

1. Die Polierwirkung der Lösung IV unterscheidet sich nicht von der des Gemisches III, Ätzungen wurden im allgemeinen nicht beobachtet.
2. Die Bewegung des Bades durch Drehung der Mipolamscheiben erwies sich als günstiger als durch Lufteinblasen, jedoch wurden manchmal auch dabei geringe Ätzungen an einzelnen Stellen festgestellt, an denen der Polierfilm dicker als auf der übrigen Oberfläche erschien.

3. Die Spülung der Klingen in fließendem Wasser (Abnahme der Klingen unter Spannung) ist der Neutralisation in Sodalösung vorzuziehen, da hierbei bis auf einige Ausnahmen keine Flecken mehr auftraten.

Polierversuche mit Poliergemisch IV bei vorgegebener Rauhigkeit der Klingenflächen:

Zum vorläufigen Abschluß der mit Perchlorsäure-Azetanhydrid-Gemischen durchgeführten Polierversuche sind noch einige Ausführungen zur Einebnung der makroskopischen Rauhigkeit einer Klingenfläche nötig.

Wie schon erwähnt, hängt die Endpolitur einer elektrolytisch polierten Klinge und auch die Polierdauer weitgehend von dem Ausgangszustand der Klingenfläche ab. Da der Oberflächenzustand der bisher von Solinger Firmen zur Verfügung gestellten Klingen sehr unterschiedlich war und die Klingen im blau gepließteten Zustand immer noch mehr oder weniger viele Schleifriefen verschiedener Tiefe aufwiesen, wurden die Oberflächen einiger Klingen mit Schmirgelpapieren 5/0 bzw. 3/0 bzw. 2/0 möglichst gleichmäßig geschliffen. Danach wurden sie in der üblichen Weise (Anordnung Abb. 9) im Poliergemisch IV elektrolytisch poliert und die Oberflächenprofilkurven vor und nach dem Polieren aufgenommen. Ferner wurde eine blau gepließtete und eine geströpte Klinge sandgestrahlt und danach elektrolytisch poliert. Durch das anodische Polieren von mechanisch polierten bzw. klargepließteten Klingen sollte festgestellt werden, ob und wie stark sich dadurch die Oberflächengüte dieser Klingen verschlechtert.

Zunächst wurde die Strom-Spannungskurve der Lösung IV (Abb.11) bei einer Temperatur von $17^{o}C$ bzw. $20^{o}C$ aufgenommen und mit ca. 20 Klingen der günstigste Polierbereich (18-20 V; 1,3-1,6 A; 16-20°C; SD 4) ermittelt.

Die Bedingungen für die einzelnen Polierversuche, sowie die Ergebnisse und die zugehörigen Nummern der Profilkurven vor bzw. nach dem Polieren sind wieder stichwortartig aufgeführt. Die horizontale Vergrößerung beträgt bei diesen Aufnahmen (P 16a - 16t und P 17a - 17h) 25:1.

C (10) mechan. poliert, 18 V; 1,3 A; 19°C; SD 4; 5 min;
Glanz schlechter, Rauhigkeit größer als vorher (P 16a; P 16 o)

C (11) mechan. vorpoliert, 18 V; 1,3 A; 19°C; SD 4; 10 min;
Glanz schlechter, Rauhigkeit größer als vorher (---, P 16p)

C (12) klargepließtet, 18 V; 1,3 A; 19°C; SD 4; 5 min;
gut geglänzt, noch Pließtreifen vorhanden, praktisch keine Änderung der Rauhigkeit (---, P 16q)

C (13) klargepließtet, 18 V; 1,6 A; 18,5°C; SD 4; 10 min;
gut geglänzt, noch Pließtriefen vorhanden, praktisch
keine Änderung der Rauhigkeit (P 16b, P 16r)

E_2 (9) geschliffen mit Papier 5/0. 18 V; 1,5 A; 18°C; SD 4; 3 min;
gut geglänzt, Abnahme der Rauhigkeit, Schleifriefen noch vorhanden (P 16c, P 16s)

E_2 (10) geschliffen mit Papier 5/0. 18 V; 1,5 A; 18°C; SD 4; 5 min;
gut geglänzt, keine wesentliche Änderung der Rauhigkeit,
Schleifriefen noch vorhanden (P 16d, P 16t)

E_2 (12) geschliffen mit Papier 5/0. 18 V; 1,5 A; 18°C; SD 4; 10 min;
gut geglänzt, keine wesentliche Änderung der Rauhigkeit,
Schleifriefen noch vorhanden (P 16e, P 17a)

E_2 (3) geschliffen mit Papier 3/0. 18 V; 1,5 A; 18°C; SD 4; 5 min;
gut geglänzt, geringe Abnahme der Rauhigkeit (P 16f, P 17b)

E_2 (5) geschliffen mit Papier 3/0. 18 V; 1,5 A; 18°C; SD 4; 10 min;
gut geglänzt, geringe Abnahme der Rauhigkeit (P 16g, P 17c)

E_2 (7) geschliffen mit Papier 3/0. 18 V; 1,5 A; 17,5°C; SD 4; 15 min;
gut geglänzt, Abnahme der Rauhigkeit (P 16h, P 17d)

E_2 (1) geschliffen mit Papier 2/0. 18 V; 1,5 A; 17°C; SD 4; 10 min;
gut geglänzt, geringe Abnahme der Rauhigkeit (P 16i, P 17e)

E_2 (2) geschliffen mit Papier 2/0. 19 V; 1,4 A; 16°C; SD 4; 15 min;
gut geglänzt, geringe Abnahme der Rauhigkeit (P 16k, P 17f)

C (14) blaugepließtet und sandgestrahlt. 19 V; 1,6 A; 18°C; SD 4; 10 min;
nur geringe Glänzung, da Rauhigkeit zu groß (P 16l, P 17g)

W (5) geströpt und sandgestrahlt. 18 V; 1,5 A; 17°C; SD 4; 5 min;
nur geringe Glänzung, da Rauhigkeit zu groß (P 16m, P 17h)

Ferner wurde eine mit Papier 3/0 geschliffene Klinge bei 35 Volt und einer Stromstärke von 2 Amp. (Badtemperatur 19°C, SD 4) poliert. Die Profilaufnahmen P 17i, k, l, m zeigen die nur geringfügige Abnahme der Rauhigkeit vor bzw. nach einer Polierdauer von 15, 30 und 45 min. Nach den in diesem Abschnitte behandelten Untersuchungen scheint es nicht möglich zu sein, das mechanische durch das elektrolytische Polieren in Perchlorsäuregemischen ersetzen zu können. Die durch anodisches Polieren bei rostfreien Tafelmesserklingen zu erreichende Endpolitur erwies sich bei allen bisher durchgeführten Versuchen schlechter als die mechanische Politur.

Gewisse Unterschiede in der Güte der Endpolitur zwischen einzelnen Klingen und besonders zwischen verschiedenen Messersorten, sowie die gleichzeitig zu beobachtende Verschiedenheit in chem. Zusammensetzung, Härte und Gefüge weisen auf den nicht zu unterschätzenden Einfluß des Gefüges hin. Es ist daher zweckmäßig, weitere Versuche in dieser Richtung anzuschließen.

B. Elektrolytisches Polieren mit nicht-perchlorsäurehaltigen Gemischen

Prüfung der Polierwirkung und der Polierbedingungen bei Elektrolyten, die keine Perchlorsäure enthalten

Die bisher mit Perchlorsäure-Essigsäure-Gemischen durchgeführten Polierversuche haben gezeigt, daß die Einebnungsgeschwindigkeit auf Grund der kleinen anwendbaren Stromdichten (2-6 A/dm^2) sehr gering ist und deshalb sehr lange Polierzeiten erforderlich sind, um eine den Ansprüchen genügende Glätte der Oberfläche zu erreichen. Es ist ferner nach den letzten Versuchen zu befürchten, daß keine die mechanische Politur und Glanzwirkung erreichende Güte der Oberfläche erzielt werden kann. Es scheint also nicht möglich zu sein, blaugepließtete Klingen elektrolytisch so zu polieren, daß dadurch das mechanische Polieren ersetzt werden könnte.

In der Literatur werden nun eine Reihe von Elektrolyten verschiedener Zusammensetzung zum Polieren von Cr-Stählen angegeben, die meistens bei hohen Stromdichten und erhöhter Badtemperatur arbeiten. Sehr oft soll die Wirkung dieser Gemische durch Verwendung von Glanzzusätzen wie Agar-Agar, Gelatine, Harnstoff oder Polyvinylalkohol verbessert werden können. Allerdings soll die Glanzwirkung schlechter als bei den Perchlorsäure-Gemischen sein.

Infolge der hohen anzuwendenden Stromdichten müßte sich bei nicht zu geringer Stromausbeute eine relativ große Einebnungsgeschwindigkeit ergeben. Es könnte damit möglich sein, die Rauhigkeit geströpter Klingen so weit zu vermindern, daß die Klingen anschließend mechanisch poliert werden können. Damit würden die teueren Pließtverfahren eingespart werden.

In der folgenden Tabelle sind nun verschiedene Poliergemische nach Literaturangaben zusammengestellt:

Nr.:	Poliergemisch:	Bemerkungen:
1	80 v-% H_3PO_4 (1,7) 20 v-% H_2SO_4 (1,84)	aust. Cr- u. Cr-Ni-Stähle Stromdichte: 120 A/dm^2 Badtemperatur: 40 - 130°C Polierdauer: sek.
2	HCl - Lösung	150-400 A/dm^2
3	anorgan. Säuren Zusatz v. kapillaraktiven Stoffen	aust. Legierungen bei hohen Stromdichten
4	aliphat. Carbonsäuren (Zitronen-, Milch-, Essigsäure) Zusatz H_2SO_4	aust. Cr-Ni-Stähle
5	43 g-% H_3PO_4 47 g-% Glyzerin 10 g-% H_2O	nichtrost. Stähle Stromdichte: 71,5 A/dm^2 Badtemperatur: 100°C
6	1 lt H_3PO_4 (1,3 - 1,7) 40 g Oxalsäure 40 g Gelatine	Eisen und Stahl Stromdichte: 30 - 200 A/dm^2
7	1 lt H_2SO_4 (1,2 - 1,84) 100 g $Fe(OH)_3$ 20 g Fe_2SO_4 10 g $K_2Cr_2O_7$	rostfr. Stahl Stromdichte: 30 - 500 A/dm^2 Badtemperatur: 20 - 120°C Polierdauer: Sek. bis Min.
8	700 cm^3 H_3PO_4 (1,74) 300 cm^3 H_2SO_4 (1,84) 50 g CrO_3 50 cm^3 H_2O	Cr-, Cr-Ni., Cr-Mn, Cr-Si-Stähle Stromdichte: 20 - 1200 A/dm^2 Badtemperatur: 40 - 130°C Polierdauer: Sek. bis Min.

Forschungsberichte des Wirtschafts- und Verkehrsministeriums Nordrhein-Westfalen

Die ersten Versuche wurden in einem 1 l-Becherglas unter Verwendung des Poliergemisches Nr. 1 durchgeführt. Die Anode bildete eine Tafelmesserklinge von ca. 0,5 dm^2 Fläche. Bei kleinen Stromdichten (bis zu 80 A/dm^2) und Badtemperaturen von 20 bis 40°C konnte keinerlei Polierwirkung beobachtet werden. Das Messer war nach der Neutralisation in gesättigter Sodalösung stets stark angeätzt.

Bei Anwendung von Stromdichten > 120 A/dm^2 stieg die Temperatur des Elektrolyten sehr schnell auf ca. 160 - 180°C. (Wie man leicht ausrechnet, erwärmt sich der Elektrolyt unter diesen Bedingungen innerhalb von 3 Sekunden durchschnittlich um 1°C. Die Temperatur der Messerklinge scheint noch wesentlich höher zu sein, da die Härte nach den Versuchen um ca. 6 Rockwell-Einheiten abgenommen hatte.)

Außerdem setzte an den Elektroden eine heftige Gasentwicklung ein, die eine starke Badbewegung verursachte. Die Polierdauer wurde im Bereich von 15 bis 180 Sekunden variiert. Es zeigte sich bei diesen Stromdichten und erhöhten Badtemperaturen eine gewisse Polierwirkung. Es ist möglich, daß sich infolge der großen Badumwirbelung kein Polierfilm auf der Anode bilden konnte.

Es wurde ferner noch versucht, durch Zusatz von 50 g Agar-Agar bzw. 20 g Harnstoff die Zähigkeit des Anodenfilms und damit die Polierwirkung des Elektrolyten zu erhöhen. Eine Verbesserung der Politur der Tafelmesserklinge konnte aber nicht beobachtet werden.

Die folgenden Versuche wurden mit der in Abb. 12 dargestellten Anordnung durchgeführt. Zur Kühlung wurde das Becherglas in eine von Kühlwasser durchflossene Mipolamwanne gestellt. Ferner wurde die Möglichkeit geschaffen, die Anode zu drehen und den Elektrolyten durch Luftumwälzung zu bewegen.

Zum Polieren wurde das Schwefelsäure-Bad (Nr. 7) verwendet. Zunächst wurde mit 90 % - H_2SO_4 gearbeitet. Die angegebenen Mengen an $Fe(OH)_3$, Fe_2SO_4 und $K_2Cr_2O_7$ hatten sich nur zum Teil gelöst. Hiermit konnte nur eine Stromdichte von ca. 30 A/dm^2 erreicht werden. Es traten nur Ätzungen der Messeroberfläche auf. Die Polierdauer wurde wieder zwischen 15 sek. und ca. 3 min. verändert. Daraufhin wurde in bestimmten Verhältnissen dest. Wasser zugesetzt und damit die Konzentration der Schwefelsäure auf 80 %, 60 % bzw. 40 % erniedrigt. Die Zusätze lösten sich mit zuneh-

Forschungsberichte des Wirtschafts- und Verkehrsministeriums Nordrhein-Westfalen

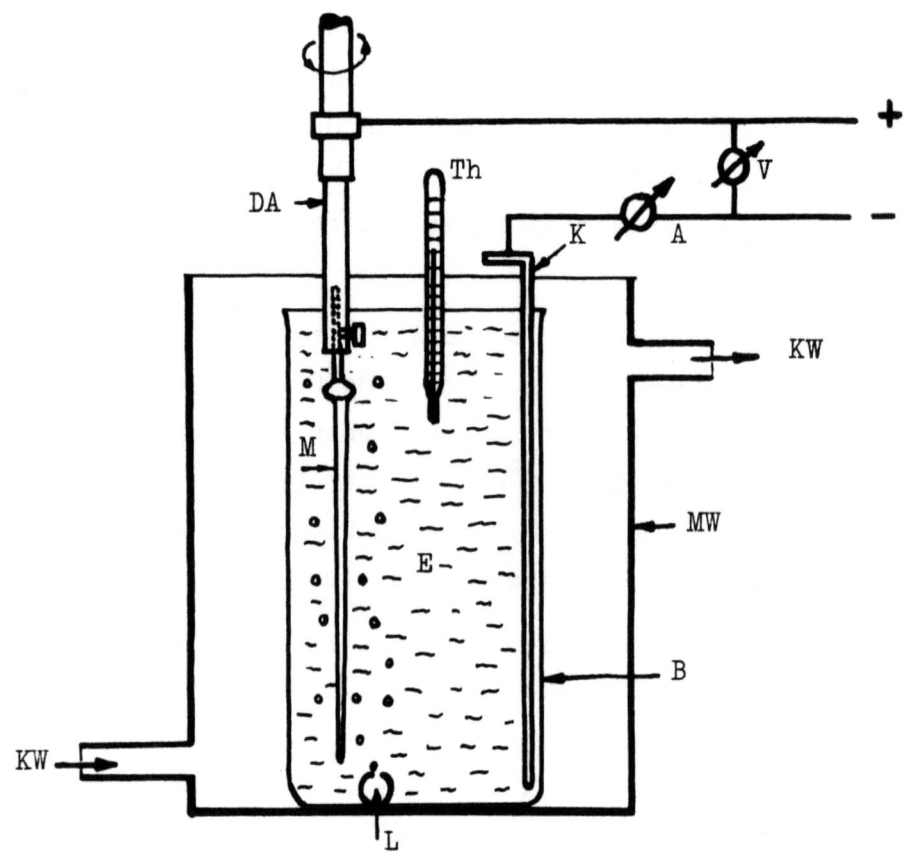

A	Ampèremeter	L	Lufteinleitungsrohr
B	Becherglas (1 l)	M	Messerklinge
DA	Drehanode	MW	Mipolamwanne
E	Elektrolyt	Th	Thermometer
K	Kathode (rostfr. Stahl)	V	Voltmeter
KW	Kühlwasser		

A b b i l d u n g   12

mender Verdünnung immer besser auf. Bei den jeweils bis zu Stromdichten von ca. 160 A/dm^2 durchgeführten Untersuchungen zeigte sich aber keine Polierwirkung an der Messerklinge. Die Erwärmung des Elektrolyten konnte durch die Wasserkühlung zwischen ca. 40 und 80°C gehalten werden. Zusatz von Agar-Agar bzw. Harnstoff brachte keinen Erfolg.

Als nächster Elektrolyt wurde der Phosphorsäure-Schwefelsäure-Elektrolyt mit Chromsäure-Zusatz (Nr. 8) untersucht. Bei Stromdichten kleiner als 80 A/dm^2 (Anodenfläche ca. 0,5 dm^2) traten nur Anätzungen auf. Bei höheren Stromdichten ($>$120 A/dm^2, Badtemp. ca. 80°C) konnte eine geringe

Verbesserung der Polierwirkung gegenüber dem Poliergemisch 1, besonders nach Verkleinerung der Anodenfläche auf 0,25 dm^2, festgestellt werden. Die Stromdichte betrug damit ca. 240-320 A/dm^2. Zusatz von Agar-Agar und Harnstoff zeigte keine Wirkung.

Es wurden auch die Poliereigenschaften des Poliergemisches Nr. 5 untersucht. Bei Umrechnung auf Vol.-% erhält man folgende Zusammensetzung des Elektrolyten:

$$34,9 \text{ v-\% } H_3PO_4 \ (1,7)$$
$$51,3 \text{ v-\% } \text{Glyzerin} \ (1,26)$$
$$13,8 \text{ v-\% } H_2O$$

Die Messer wurden zunächst bei einer Badtemperatur von 15-40°C getaucht und Stromstärken zwischen 4 - 20 Amp. angewendet. Es traten aber nur Ätzungen auf.

Dann wurde die Badtemperatur auf 100°C (Literaturangabe!) erhöht und die Versuche bei Spannungen von 4 bis 42 V und Stromstärken zwischen 4 und 40 Amp. wiederholt. Aber auch jetzt waren die Messerklingen sehr stark geätzt.

Überprüfung verschiedener Poliergemische auf ihre Fähigkeit Tafelmesserklingen aus rostfreiem Chromstahl elektrolytisch zu polieren (Fortsetzung)

Die im Folgenden zuerst untersuchten Elektrolyte benötigen nach Literaturangaben eine Spannung von 4 - 25 Volt, sowie Stromdichten zwischen 3 und 620 A/dm^2. Diese Poliergemische enthalten meistens Phosphorsäure, Schwefelsäure, Chromsäure und Arsensäure in den verschiedensten Verhältnissen. Die Stromdichte muß jeweils so hoch gewählt werden, daß dadurch die an der Oberfläche der Anode sich bildenden Oxydationsprodukte entfernt werden. Leider sind in der Arbeit von ZEMESKAL keine Angaben über die Bewegung des Elektrolyten enthalten, die ja ebenfalls einen großen Einfluß auf die Polierwirkung hat. Die angegebene Polierdauer ist bezogen auf die Rauhigkeit, die sich mittels eines Schmirgelpapiers Nr. 0 erzeugen läßt. (P 10k, P 10l : ca. 0,3 μ , max. 1 μ) Im Gegensatz dazu stehen die Angaben von P. JACQUET, der über die gleichen Polierzeiten berichtet, aber von einer mittels Papier Nr. 3/0 bzw. 4/0 erreichten Anfangsrauhigkeit ausgeht. (P 12a, P 12b)

Der Vorteil dieser Gemische gegenüber dem Perchlorsäure-Essigsäureanhydrid-Elektrolyten liegt in der Ungefährlichkeit der Handhabung, im Nichtauftreten unangenehmer Dämpfe, sowie in einer schnelleren Einebnung der makroskopischen Rauhigkeit. Die Glanzwirkung soll allerdings hinter der des Perchlorsäure-Gemisches zurückbleiben.

Aus der Literatur ist bekannt, daß bei austenitischem Gefüge der Chromstähle gute Poliererfolge mit diesen Gemischen erzielt werden konnten. Wie sich aber Messerstahl mit martensitischem Gefüge, welches <u>oft ungelöste Karbide</u> enthält, polieren läßt, müssen die Versuche ergeben.

Zunächst werden Angaben über einen Elektrolyten zum chemischen Polieren von rostfr. Stahl (Einzelheiten über die Zusammensetzung und das Gefüge des Stahls fehlen) nachgeprüft. Das Gemisch bestand aus

$$13,4 \text{ v-\%} \quad H_3PO_4 \quad (1,7)$$
$$44,6 \text{ v-\%} \quad H_2SO_4 \quad (1,84)$$
$$42,0 \text{ v-\%} \quad HNO_3 \quad (1,4)$$

Die Arbeitstemperatur lag zwischen $48° - 52°$ l. Die Polierdauer sollte ca. 5 min. betragen, aber weder bei der verwendeten geströpten noch bei der gepließteten Klinge trat eine Glänzung, selbst nicht nach 1 Stunde Tauchzeit, ein. Während des Versuches konnte eine geringe Wasserstoffentwicklung beobachtet werden, die Klingen wiesen aber keine sichtbare Ätzung auf. Auch durch Bewegung der Klinge wurde keine Glänzung erreicht. Danach wurde versucht, durch anodisches Polieren in diesem Elektrolyten eine Glänzung der Klingen zu erzielen. Bei Spannungen bis ca. 10 V und Stromstärken bis ca. 1,5 A konnte aber keine Polierwirkung, sondern nur eine geringe Ätzung festgestellt werden.

Die folgenden Versuche werden nicht ausführlich behandelt, sondern die notwendigen experimentellen Einzelheiten sowie die Ergebnisse in Stichworten aufgeführt.

V e r s u c h e   m i t   8-3   g - % H_3PO_4

Literaturangaben: Stromdichte: 15 - 180 A/dm^2
                               Badtemperatur: 40 - 100°C
                               Polierdauer: 5 min.

Ausgeführte Versuche:

1. 10 V, 55 - 110 A/dm^2, 45 - 80°C, 5 min. Klinge in Ruhe, starke H_2- und O_2-Entwicklung, Klinge hauptsächlich geätzt, einige glänzende Stellen vorhanden.

2. 5 V, 25 A/dm^2, 72°C, 10 min; geringe O_2-Entwicklung, Klinge zeigt geringe Glänzung.

3. 5 V, 33 A/dm^2, 74°C, 10 min; keine Änderung des Glanzes gegenüber 2.

4. 7 V, 40 - 50 A/dm^2, 80 - 105°C, 10 min; Ätzung gering. Eine durch das Thermometer abgedeckte Stelle der Klingenoberfläche zeigt guten Glanz, aber stärkere makroskopische Aufrauhung.

5. 10 V, 10 - 20 A/dm^2, 40 - 80°C, 5 min; Glasplatte G zwischen Kathode K und Anode A. Rückseite der Klinge weniger geätzt als Stirnfläche.

6. 10 - 20 V, 50 - 120 A/dm^2, 30 - 70°C, 5 min; Badbewegung durch Drehung, Klinge stark geätzt.

7. 6 V, 52 A/dm^2, 75°C, 10 min; Badbewegung durch Drehung, Anode durch Stoff abgedeckt. Hauptsächlich Ätzung, einige glänzende Stellen vorhanden.

8. Keramik-Zylinder umgibt Anode
   a) 10 V, 1,5 A, 16°C, 10 min; Klinge geätzt
   b) 32 V, 7 - 11 A, 19 - 36°C, 10 min; Klingenfläche in Nähe Spitze geglänzt, aber stark aufgerauht. Feldstärkeeffekt?
   c) 33 V, 8 - 16 A, 35 - 55°C, 10 min; auf Spitze zu geglänzt.
   d) 40 V, 10 - 20 A, 38 - 100°C, 10 min; auf Spitze zu geglänzt. Bezieht man den größten Teil des Stromes infolge der Feldverzerrung auf die geglänzte Stelle der Klingenfläche, so hätte man dort eine Stromdichte von ca. 200 - 400 A/dm^2 zu erwarten, d.h. der Polierbereich scheint bei wesentlich höheren Stromdichten als den bisher angewandten zu liegen.

Forschungsberichte des Wirtschafts- und Verkehrsministeriums Nordrhein-Westfalen

Aufnahme der Strom-Spannungskurve von 83 g-% H_3PO_4 bei einer Badtemperatur von 95 °C

Als Anode wurde eine Tafelmesserklinge von ca. 0,5 dm² Fläche verwendet. Keine Badbewegung.

Spannung (Volt)	2,5	3,5	5	8	14	17	21	28
Stromstärke (Amp.)	1	2	4	10	24	32	42	62

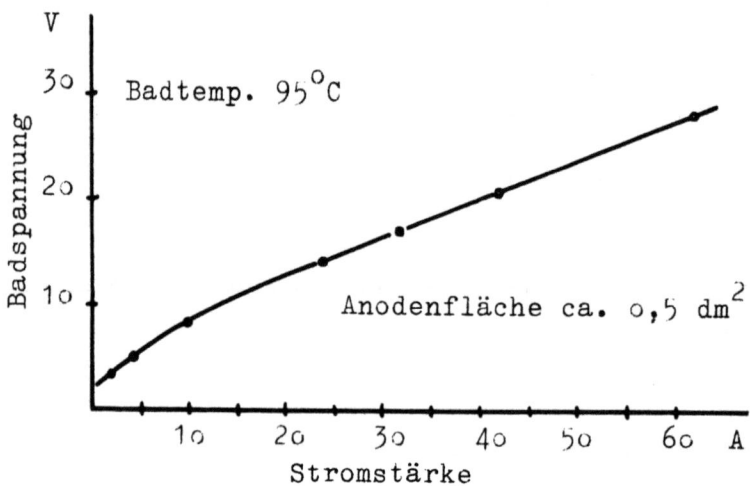

Abbildung 13

Diese Abhängigkeit ist in Abb. 13, oben, dargestellt. Es fällt sofort auf, daß in dem von uns gemessenen Bereich der charakteristische Anstieg der Spannung bei nahezu konstanter Stromstärke (Polierbereich) fehlt. Dieser Bereich, falls bei dieser Zusammensetzung des Elektrolyten überhaupt vorhanden, kann nur weit oberhalb von 62 Amp. oder unterhalb 1 Amp. liegen. Diese Möglichkeiten sind noch zu untersuchen.

Bei den vorhergegangenen Versuchen schien es manchmal, als ob durch eine höhere Badtemperatur eine bessere Glanzwirkung zu erreichen wäre. Die beiden folgenden Versuche wurden deshalb bei Temperaturen über 100 °C ausgeführt.

a) 6 V, 38 A/dm², 106 °C, 5 min.
b) 4,5 V, 21 A/dm², 103 °C, 5 min,
Klingen verhältnismäßig wenig geätzt.

Seite 48

Versuche mit 83 g-% H_3PO_4, gesättigt mit Oxalsäure ($C_2H_2O_4 \cdot 2H_2O$)

1. 20 V, 120 A/dm^2, 80-100°C, 5 min; Klinge leicht geätzt.

2. 40 V, 8 A, 90°C, 3 min; Tonzylinder um Anode. Klinge auf Spitze zu gut geglänzt, etwas aufgerauht.

3. 47 V, 5 A, 30°C, 5 min; Tonzylinder umgibt Anode. Klinge auf Spitze zu gut geglänzt.

4. 10-20 V, 80-120 A/dm^2, 110°C, 5 min; Anode nahe bei Kathode. Klinge poliert, sehr wenig geätzt. Der Strom wurde jeweils nur für ca. 10 sek. eingestellt und dann abgeschaltet.

5. Weitere Versuche wurden nach Zusatz von Harnstoff zum Phosphorsäure-Oxalsäure-Gemisch durchgeführt. Bei Spannungen zwischen 10 und 20 Volt, Stromdichten von 50 - 130 A/dm^2 und Badtemperaturen von 60 - 110°C konnte keine wesentliche Besserung der Glänzung beobachtet werden.

Ferner wurde eine Klingensorte mit überhitztem Gefüge poliert (Siehe Seite 19, Klinge 2). Hierbei zeigte es sich (21 V, 50 A, 60°C), daß die Klinge nur sehr wenig geätzt wurde. Es ist also nötig, sich mehr als bisher mit dem Einfluß des Gefüges auf die Polierwirkung zu befassen.

Versuche mit Poliergemisch aus 30 g-% H_3PO_4 60 g-% H_2SO_4 und 10 g-% H_2O

Dieses Gemisch wurde auf folgende Weise hergestellt:

678 cm^3	H_3PO_4	(83 g - %)
1089 cm^3	H_2SO_4	(95,6 g - %)
33 cm^3	H_2O	dest.

Die Badtemperatur betrug 50°C. als Polierstromdichte waren 3-28 A/dm^2, als Polierdauer 2-5 min. angegeben.

Es wurde mit und ohne Badbewegung gearbeitet und die angegebenen Polierbedingungen überprüft. Bei allen Versuchen wurde aber nur eine starke Ätzung der Klingenoberfläche beobachtet.

Forschungsberichte des Wirtschafts- und Verkehrsministeriums Nordrhein-Westfalen

Versuche mit Poliergemisch aus 80 g-% H_3PO_4 (1,84) und 20 g-% H_2SO_4 (1,7)

Angegebene Polierbedingungen:

>Badspannung 50-10 Volt, Stromdichte 30-40 A/dm^2
>Badtemperatur 40-120°C, mäßige Badbewegung
>Polierdauer 10 min.

1. 5 V, 38 A/dm^2, 65°C, 5 min; Klinge leicht geätzt

2. 4,5 V, 30 A/dm^2, 60°C, 5 min; Klinge leicht geätzt

3. 5 V, 38 A/dm^2, 54°C, 3 min; gepließtete Klinge, leicht geätzt

4. 9 V, 118 A/dm^2, 70°C, 1,5 min; gepließtete Klinge, besser geglänzt als 3.

5. $B_1(1)$; 2 V, 5 A/dm^2, 72°C, 3 min; eine Seite der Klinge mit Anodenfilm bedeckt, wenig geätzt. Die andere Seite (ohne Film) stark geätzt. Nur sehr geringe O_2-Entwicklung.

6. $B_1(4)$; 5 V, 44 A/dm^2, 69°C, 3 min; Klinge sehr leicht geätzt.

7. A(2); 4 V, 30 A/dm^2, 81°C, 5 min; Klinge leicht geätzt.

8. 5 V, 49 A/dm^2, 78°C, 3 min; Klinge wenig geätzt.

9. A(8); 2 V, 6 A/dm^2, 67°C, 3 min; sowohl bei schneller als auch bei langsamer Badbewegung starke Ätzung der Klinge.

10. A(8); 3,5 - 4,5 V, 20 - 38 A/dm^2, 70°C, 3 min; mittlere Badbewegung geringere Ätzung als bei 9.

11. $E_1(5)$; 5 V, 22 A, 70°C, 3 min; mittlere Drehgeschwindigkeit. Klinge geätzt, 3 verschiedene Gefüge (M IIIa).

12. Klingen mit überheiztem Gefüge (siehe S. 19, Klinge 2)
    8 - 9 V, 36 - 44 A, 70 - 72°C, 3 min; Klinge gut geglänzt.
    4,5 - 5,5 V, 15 - 24 A, 75 - 77°C, 3 min; Klinge gut geglänzt.
    Besonders deutliches Auftreten eines gelblichen Polierfilms.

13. W(1); 5 V, 25 A, 76°C, 6 min; Klinge leicht geätzt (P 10e, P 11a).

14. W(2); 4,8 V, 19 A, 76°C, 5 min; Klinge leicht geätzt (P 10f, P 11b).

15. W(3); 5 - 6 V, 24 - 32 A, 76°C, 4,5 min; Klinge sehr leicht geätzt (P 10g, P 11c).

16. W(4); 5 V, 19 A, 56°C, 3 min; Klinge leicht geätzt (P 1oh, P 11d).

17. E_2(3); 5 V, 15 A, 85°C, 3 min; Klinge leicht geätzt (P 11g).

18. A(4); 4,8 V, 21,5 A, 70°C, 3 min; Klinge leicht geätzt (P 11h).

19. A(1o); 5 V, 29 A, 87°C, 3 min; Klinge geätzt
    6 V, 42 A, 87°C, 3 min; Klinge weniger geätzt als bei 29 A
    (P 11i).

20. G(3); 3,5 V, 11 A, 76°C, 5 min; Klingenfläche näher an Kathode stärker geätzt als die andere Seite (P 11k).

S t r o m s p a n n u n g s k u r v e   d e s   G e m i s c h e s   a u s
8 0   g - % H_3PO_4 u n d   2 0   g - % H_2SO_4 b e i   c a.   7 5 ° C

Als Anode wurde die Klinge B_1 (5) verwendet. Die Badbewegung war mittelmäßig. Anodenfläche ca. 0,5 dm^2.

Spannung (Volt)	2	3	4,3	5	6	7	7,8
Strom (Amp.)	2,8	8,5	18,0	22,5	31	43	47

Auch hier konnte der charakteristische Anstieg der Spannung bei nahezu konstanter Stromstärke nicht festgestellt werden. (Abb. 13 a)

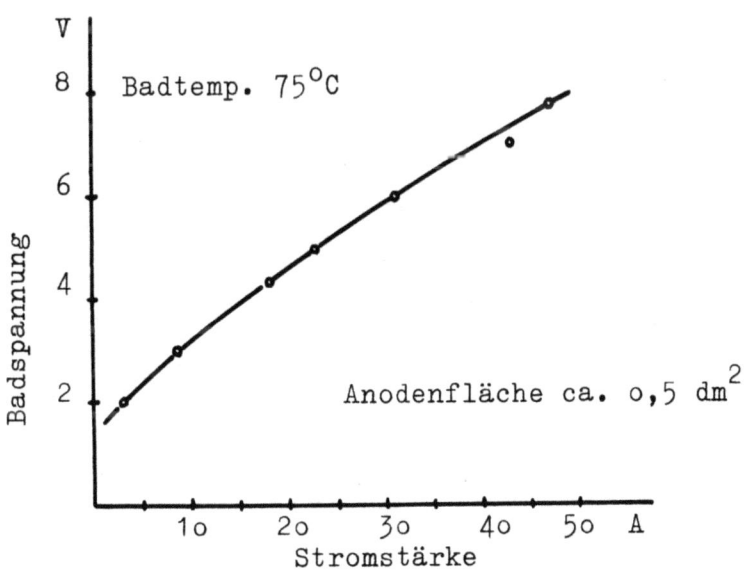

A b b i l d u n g   13 a

Beim anodischen Polieren von Tafelmesserklingen in Phosphorsäure bzw. in dem Phosphorsäure-Schwefelsäure-Gemisch trat eine neue, bis jetzt noch nicht beobachtete Erscheinung auf. Die geätzten Oberflächen der Klingen zeigten oft ein Ätz-Muster, welches auf das Richten der Klingen zurückzuführen ist (M IIIb).

Wie bereits oben erwähnt, erschien es zweckmäßig, den Verlauf der Stromspannungs-Kurve bei Stromstärken < 1 A/dm^2 zu verfolgen. Es sollte festgestellt werden, ob in diesem Bereich eine gewisse Unabhängigkeit der Stromstärke von der Spannung auftritt. Diese Kurven wurden mit einer geeigneten Meßanordnung aufgenommen. Die Ergebnisse sind für eine Badtemperatur von 19°C bzw. 95°C in den Abbildungen 14 bzw. 15 dargestellt.

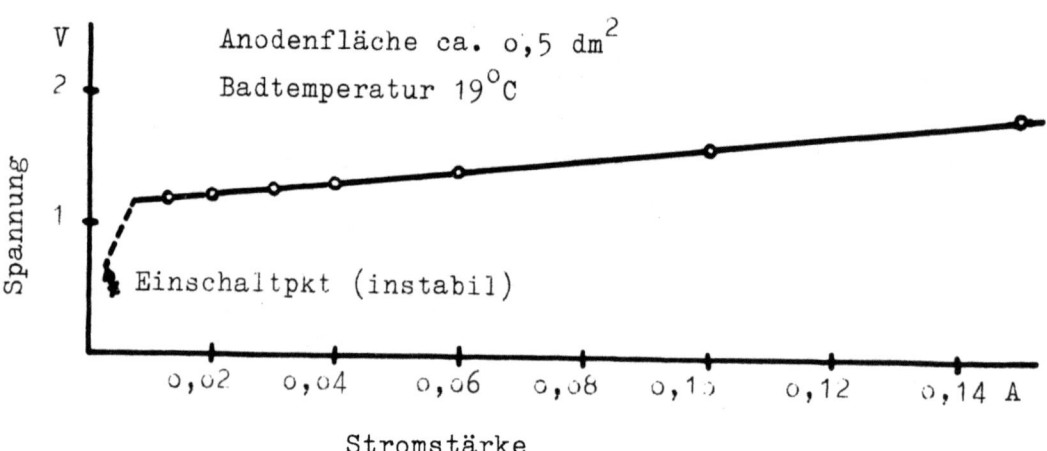

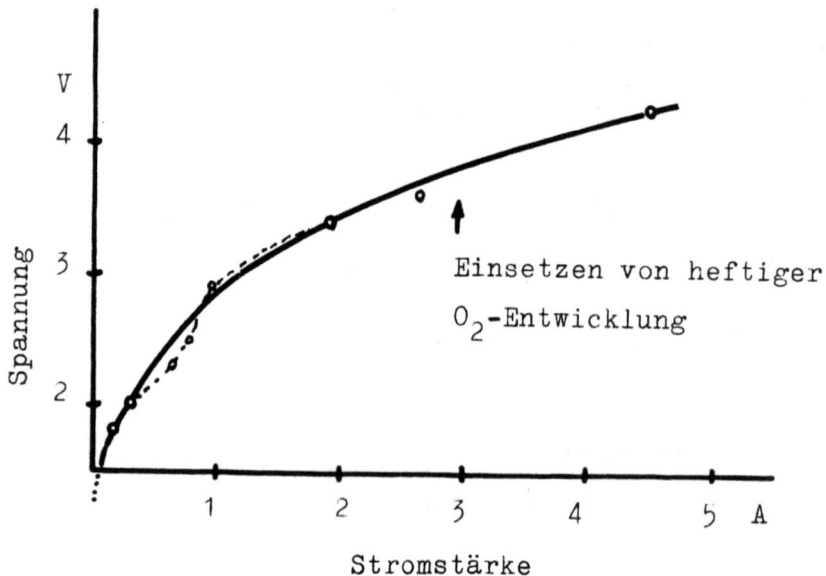

Abbildung 14

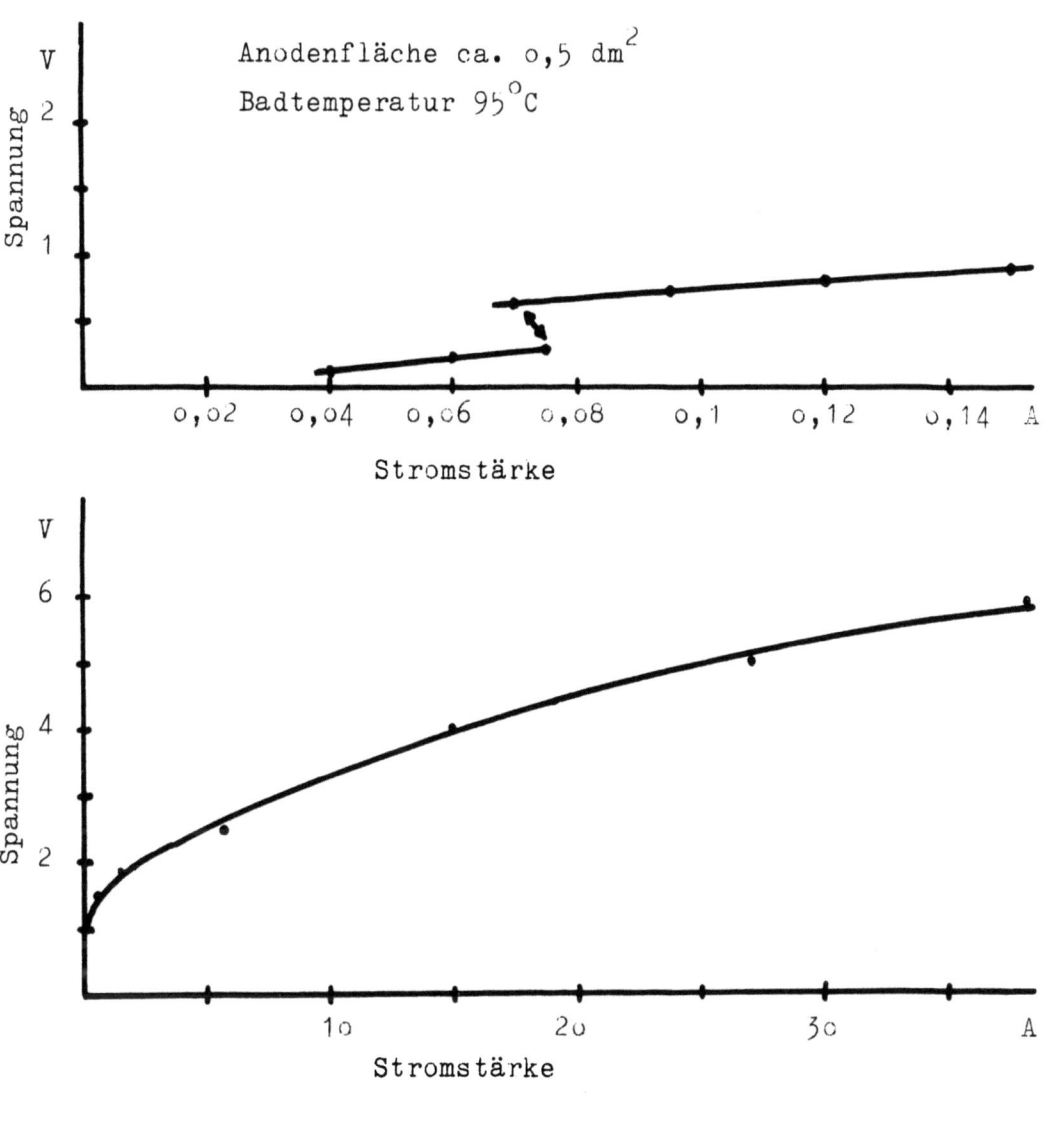

Abbildung 15

Es zeigte sich, daß auch in dem Bereich der Stromdichte < 1 A/dm^2 die Stromstärke mit zunehmender Spannung ansteigt und damit kein merklicher Einfluß eines an der Anode sich bildenden Polierfilms festzustellen ist.

Die Anwendung von sehr großen Stromdichten > 16o A/dm^2 ist mit der vorhandenen Anlage nicht möglich. Es ist ferner zu untersuchen, ob sich bei dieser Zusammensetzung des Elektrolyten überhaupt ein genügend dicker Polierfilm an der Anode bildet, der die Strom-Spannungs-Verhältnisse sichtbar beeinflussen kann. Es ist daher notwendig, dem Elektrolyten geeignete Stoffe zuzusetzen. Diese Zusätze müssen möglichst aus mehratomigen Molekülen bestehen, um die Zähigkeit des Films zu erhöhen, und mit den frei werdenden Metallionen der Anode eine viskose, wenn auch lösliche Verbindung eingehen.

Polierversuche mit einem Gemisch aus Phosphorsäure, Schwefelsäure und Chromsäure

Beim Polieren von rostfreien Tafelmesserklingen in einer Lösung aus 80 g - % H_3PO_4 und 20 g - % H_2SO_4 konnte eine geringe Verbesserung der Glänzwirkung gegenüber den vorher überprüften Badzusammensetzungen beobachtet werden. Es wurde nun versucht, ob sich die Glänzwirkung durch Zusatz von Chromsäure sowie $Fe^{..}$ - und $Fe^{...}$ - Ionen weiter erhöhen läßt. Zunächst wurde die folgende Badzusammensetzung gewählt:

$$
\begin{array}{ll}
800 \text{ cm}^3 & H_3PO_4 \ (1,74) \\
200 \text{ cm}^3 & H_2SO_4 \ (1,84) \\
30 \text{ gr} & CrO_3 \\
10 \text{ gr} & FeSO \\
50 \text{ gr} & Fe(OH)_3
\end{array}
$$

Aus einer großen Anzahl von Versuchen sollen hier nun einige stichwortartig aufgeführt werden.

1. C (9) a) 8,5 V; 14,5 A; 19-25°C; 5 min; stark geätzt
          b) 11 V; 40 A; 25-30°C; 2 min; geätzt
          c) 13 V; 45 A; 25-30°C; 2 min; geätzt
          d) 14 V; 53 A; 35-45°C; 2 min; leicht geätzt

2. B_1 (9) a) 6 V; 16 A; 40°C; 5 min; geätzt
             b) 10 V; 34-37 A; 37-48°C; 5 min; poliert
             c) 9 V; 41 A; 50-60°C; 5 min; poliert

3. W (5) a) 4 V; 9 A; 50-54°C; 5 min; geätzt
          b) 4,5 V; 17 A; 50-54°C; 5 min; geätzt
          c) 5,5 V; 19 A; 67°C; 5 min; leicht geätzt
          d) 5 V; 22 A; 79°C; 5 min; sehr leicht geätzt

4. B_1 (13) 5,5 V; 31 A; 88°C; 3 min; etwas poliert

5. B_1 (7) a) 6,5 V; 35,5 A; 86°C; 3 min; etwas poliert
             b) 7 V; 40 A; 85-90°C; 5 min; etwas poliert

6. E_1 (4)   3 V; 23 A; 100°C; 1 min; leicht geätzt

7. E_1 (3)   10 V; 47 A; 100°C; 3 min; leicht geätzt

Bei diesen Versuchen zeigte es sich, daß Badtemperaturen zwischen 80 und 90°C sich günstig auf die Glänzwirkung des Poliergemisches auswirken. In diesem Temperaturbereich genügt die Anwendung von Stromdichten zwischen 30 und 140 A/dm², um eine Glänzung von rostfreien Klingen zu erhalten. Auch bei diesen Versuchen trat oft das durch das Richten der Klingen verursachte Ätzmuster in Erscheinung.

Bei den weiteren Polierversuchen wurde mit dem folgenden Poliergemisch gearbeitet:

$$700 \text{ cm}^3 \quad H_3PO_4 \quad (1,74)$$
$$300 \text{ cm}^3 \quad H_2SO_4 \quad (1,84)$$
$$50 \text{ gr} \quad CrO_3$$
$$50 \text{ gr} \quad H_2O$$
$$20 \text{ gr} \quad FeSO_4$$
$$100 \text{ gr} \quad Fe(OH)_3$$

Die Versuche ergaben, daß mit dieser Zusammensetzung des Elektrolyten die bis jetzt beste Glanzwirkung auf Phosphorsäure-Schwefelsäure-Basis erzielt werden kann, die aber keineswegs mit der durch Perchlorsäurebäder erreichbaren vergleichbar ist.

Zunächst wurden einige Vorversuche durchgeführt, um die günstigsten Bedingungen für die Polierwirkung zu erhalten.

1. H (4)   2,6 V; 2 A; 67°C; 5 min; stark geätzt

2. H (5)   3 V;   5 A; 67°C; 5 min; sehr leicht geätzt

3. H (1)   3,8 V; 10 A; 67°C; 5 min; etwas poliert

4. H (7)   a) 8 V;   35 A; 56°C; 5 min; sehr leicht geätzt
           b) 7 V;   35 A; 72°C; 5 min; poliert

5. H (10) a) 7 V;   42 A; 80°C; 5 min; poliert
           b) 6 V;   41 A; 90°C; 5 min; poliert

6. H (2)   a) 10 V;   50 A; 70°C; 5 min; poliert
           b) 9 V;   50 A; 70°C; 5 min; poliert
           c) 8 V;   50 A; 82°C; 3 min; poliert
           d) 7,5 V; 50 A; 90°C; 3 min; poliert

7.	B_1	(3)	a)	11 V;	62 A;	70°C;	5 min; poliert
			b)	10 V;	62 A;	80°C;	5 min; poliert
			c)	9 V;	62 A;	90°C;	5 min; poliert
8.	B_1	(10)		3,5 V;	10 A;	90°C;	5 min; poliert
9.	A	(8)	a)	3,5 V;	10 A;	88°C;	5 min; sehr leicht geätzt
			b)	4 V;	12 A;	86°C;	5 min; sehr leicht geätzt

Aus diesen Versuchen ist ersichtlich, daß die günstigsten Polierverhältnisse im Stromdichtbereich zwischen 30 und 140 A/dm² und bei einer Badtemperatur zwischen 80 und 90°C liegen. Diese Versuche wurden mit einer die Anode zylinderförmig umgebenden Kathode durchgeführt. Die Schneide der Messer wurde hierbei wesentlich weniger abgestumpft als beim Polieren der Klingen im Perchlorsäurebad. In den nun aufgeführten Versuchen wurden je 6 blaugepließtete (bl), feingepließtete (fe) und geströpte (gst) Tafelmesserklingen (G) unter den oben aufgeführten Polierbedingungen näher untersucht.

Durch Messung des Gewichtsverlustes wurde die Dicke der abgetragenen Schicht bzw. die Abtragung in ($gA^{-1}min^{-1}$), sowie durch Rauhtiefenmessung vor und nach dem Polieren der Grad der Einebnung der Klingenoberfläche bestimmt. Die Klingen wurden nach dem Polieren möglichst schnell aus dem Elektrolyten herausgenommen und durch fließendes Wasser abgespült. Die Anwendung von Stromstärken um 60 A bedingte eine starke Erwärmung der Klinge und des Elektrolyten, so daß das Becherglas zur Konstanthaltung der Badtemperatur gekühlt werden mußte. In der folgenden Tabelle sind die Polierbedingungen und die Ergebnisse aufgeführt. Die Profilaufnahmen P 12c bis 12u bzw. P 13a bis 13s veranschaulichen die Rauhigkeit der Klingen vor bzw. nach dem Polieren.

Abkürzungen für die nachfolgende Tabelle:

U = Polierspannung (V)
I = Stromstärke (A)
t = Polierdauer (min)
T = Badtemperatur (°C)
G = Gewichtsverlust (g)
d = Dicke der abgetrag. Schicht (μ)
a = Abtragung ($g \cdot A^{-1} \cdot min^{-1}$)

Forschungsberichte des Wirtschafts- und Verkehrsministeriums Nordrhein-Westfalen

Nr.	U (V)	I (A)	t (min)	T (°C)	G (g)	d (μ)	a ($\frac{g}{A \cdot min}$)	Rauhtiefe (μ) vor	nach	Profil-Aufnahmen
bl										
1	7,5	51	3	100	1,367	32	0,90			P 12p; 13e
2	7	51	1	100	0,430	10	0,84			P 12q; 13f
3	11,5	58	2	77	0,665	16	0,57			P 12r; 13g
4	11,5	58	2	80	0,688	16	0,59	i.A. 0,1 max. 0,5	0,2 bis 0,3	P 12s; 13h
5	11,5	58	3	80	1,019	24	0,59			P 12t; 13i
6	11,5	57	2	76	0,620	15	0,55			P 12u; 13k
fe										
1	11,5	59	4	75	1,332	51	0,57			P 12i; 13c
2	7,5	50	2	100	0,734	17	0,73			P 12k; 13d
3	7	50	4	100	1,612	38	0,81	i.A. 0,3 max. 1,0	0,2 bis 0,3	P 12l; 13l
4	11	60	3	85	1,152	27	0,64			P 12m; 13m
5	11,5	59	3	81	1,131	26	0,64			P 12n; 13n
6	11	58	2	79	0,719	17	0,62			P 12o; 13o
gst										
1	8,5	67	4	100	1,920	45	0,71			P 12c; 13a
2	9	61	5	90	1,546	36	0,51			P 12d; 13b
3	9	65	3	90	1,392	33	0,72	i.A. 1,2 max. 5,0	0,2 bis 0,3 wellig ca.1,0	P 12e; 13p
4	10	63	5	82	2,759	64	0,88			P 12f; 13q
5	11,5	68	5	85	2,768	65	0,81			P 12g; 13r
6	11	60	10	81	3,874	91	0,65			P 12h; 13s

Aus der vorliegenden Tabelle ergibt sich für die Abtragung a in $(gA^{-1}min^{-1})$ ein Mittelwert von $0,66 \cdot 10^{-2} gA^{-1} min^{-1}$. Gehen Eisen und Chrom als 2-wertiges Ionen in Lösung, dann erhält man (bei einer theoretischen Abtragung von $1,72 \cdot 10^{-2} gA^{-1} \cdot min^{-1}$) eine Stromausbeute von 38 %. Die Stromausbeute ist hier wesentlich geringer als beim Polieren im Perchlorsäurebad (fast 100 %). Es ist dies auf die starke H_2- und O_2-Entwicklung zurückzuführen. Da aber wesentlich höhere Stromdichten angewendet werden können, ist die Abtragungsgeschwindigkeit ca. 10-mal so groß wie im Perchlorsäurebad. Die Profilaufnahmen zeigen, daß zwar bei fein- und blau gepließteten Klingen die max. Rauhtiefe vermindert ist, die durchschnittliche Rauhigkeit aber einen Wert von $0,2 - 0,3 \mu$ behält. Die

Rauhtiefe der geströpten Klingen kann innerhalb von ca. 5 min. bis auf ca. 0,3 μ vermindert werden, jedoch besitzt die Oberfläche noch eine gewisse Welligkeit mit Tiefen bis ca. 1 μ . Ferner muß darauf hingewiesen werden, daß manche Klingen wieder das Ätzmuster aufwiesen, welches durch das Richten der Klingen verursacht wird.

Es muß nun untersucht werden, ob sich diese "plangeätzten" geströpten Klingen mechanisch fertigpolieren lassen und welche Zeiten dazu nötig sind. Die Klingen wurden zu diesem Zwecke einer Solinger Firma übergeben, der es aber nicht gelang, eine einwandfreie Politur zu erzielen. Der Grund dafür ist so wahrscheinlich in der noch verhältnismäßig großen Welligkeit der Oberfläche zu suchen. Ebenso führte das elektrolytische Polieren dieser Klingen in Perchlorsäure zu keinem Erfolg.

Diskussion und Zusammenfassung der Versuchsergebnisse

A. Die Oberflächengüte mechanisch bearbeiteter Klingenflächen

Die bei der Herstellung von Tafelmesserklingen in Anwendung kommenden Verfahren zur mechanischen Fein- und Feinstbearbeitung der Klingenflächen können schon auf eine sehr lange Entwicklungszeit zurückblicken und sind heute nach den Gesichtspunkten der modernen Schleif- und Poliertechnik ausgearbeitet.

Die heute produzierten Klingen kommen in zwei Qualitäten - blaugepließtet (P 6E) und poliert (P 6H) - in den Handel und zeichnen sich im allgemeinen durch große Gleichmäßigkeit, sehr hohen Glanz und sehr glatte, ebene Flächen aus. Die große Güte der Oberflächen polierter Klingen konnte bisher mit keinem anderen Verfahren erreicht werden.

Jedoch dürfen die Schwierigkeiten, die diesen Verfahren anhaften, nicht übersehen werden, da die Klingen oft gewisse Mängel aufweisen, die zwar zum Teil auf Stahl- oder Härtefehler, aber auch auf ungenügende Sorgfalt beim Schleifen, Pließten und Polieren bzw. bei der Herstellung der Schleif-, Pließt- und Polierscheiben zurückzuführen sind. So kann z.B. die Rauhtiefe blaugepließteter Klingen im allgemeinen mit 0,1 - 0,3 μ angegeben werden, jedoch sind vielfach noch Riefen mit Tiefen bis ca. 2,5 μ nachzuweisen. Diese Riefen rühren entweder noch von den vorhergehenden Schleifprozessen (am wahrscheinlichsten) her oder werden beim Pließten durch eingeschleppte, größere Schleifkörner verursacht. Ferner ist als Ursache eine Zusammenballung von Schleifkörnern infolge ungleichmäßiger Verteilung bei der Aufbringung des Bindemittels auf die Pließtscheiben nicht ausgeschlossen. Zum besseren Verständnis des elektrolytischen Polierens sei kurz auf den mechanischen Polierprozeß eingegangen.

Nach der Feinstbearbeitung der Oberfläche, dem Klarpließten (Rauhigkeit ca. 0,1 μ), wird die Klingenfläche in der üblichen Weise poliert. Das mechanische Polieren bewirkt eine Abtragung der rauhen Oberflächenschicht mit allmählich erfolgender Einebnung der Oberfläche durch viskosen Fluß des Metalls. Es ist deshalb klar, daß die Oberflächenschichten eine andere Struktur als der Kern des Materials besitzen (RAETHER) und teilweise durch das Poliermittel verunreinigt sein können. Der Polierprozeß ist praktisch beendet, wenn der Grund der tiefsten, noch vorhandenen Pließtriefe erreicht ist. Es wird also nur die Rauhigkeit beseitigt. Ferner ist darauf hinzuweisen, daß kleinere Stahlfehler (Einschlüsse) durch das mechanische Polieren überdeckt werden können.

B. Elektrolytisches Polieren in Perchlorsäure-Essigsäure-Gemischen

Zunächst soll allgemein der Mechanismus des anodischen Polierens betrachtet werden. Dieser Prozeß ist im wesentlichen ein elektrochemischer Auflösungsvorgang, der über die ganze Oberfläche mit konstanter Geschwindigkeit (bei geeigneter Elektrodenanordnung) verläuft und bei dem die Menge des gelösten Metalls der durchgeflossenen Elektrizitätsmenge proportional ist. Die Polierwirkung, d.h. die Einebnung der makroskopischen Rauhigkeit kommt dadurch zustande, daß die Abtragungsgeschwindigkeit an den Spitzen größer ist als in den Tälern. Es ist dies einfach eine Folge davon, daß die elektrische Feldstärke an Spitzen größer ist als in den Tälern. Vergleicht man die Abnahme der Rauhtiefe mit der Zunahme der Dicke der abgetragenen Schicht (Abb. 10), so erkennt man, daß beim elektrolytischen Polieren hauptsächlich eine Parallelverschiebung der Oberfläche stattfindet unter gleichzeitiger geringer Einebnung der Rauhigkeit. Während aber die Rauhigkeitsspitzen noch verhältnismäßig schnell abgetragen werden, erfolgt die Einebnung der Täler unter Ausweitung und allmählicher Verflachung viel langsamer. Beim Vorhandensein von tiefen Riefen resultiert daher eine wellige, nicht mehr plane Oberfläche.

Neben dieser Einebnung der makroskopischen Rauhigkeit ist noch auf die Glänzung einzugehen, die wahrscheinlich wesentlich durch die Dicke und Zusammensetzung des an der Anode sich bildenden Polierfilms beeinflußt wird. Der Polierfilm bewirkt anscheinend die vollkommen statistische Ablösung der einzelnen Metallatome aus dem Gitter, so daß sich keine Ätzstruktur bilden kann. Dieser Idealfall ist aber im allgemeinen nicht verwirklicht, so daß die Metalle und besonders die Legierungen mit heterogenem Gefüge, trotz der Anwesenheit des Polierfilms, eine mehr oder weniger ausgeprägte Ätzstruktur aufweisen. Der auf mechanischem Wege erzielbare Glanz wird also nur unter besonderen Voraussetzungen durch anodisches Polieren zu erreichen sein. Ferner ist hervorzuheben, daß das Gefüge des Kerns bis an die Oberfläche hin ungestört erhalten bleibt und irgendwelche Stahlfehler sichtbar gemacht werden (Schlackeneinschlüsse werden herausgelöst). Die Unterscheidung zwischen (makroskopischer) Einebnung und Glänzung wird neuerdings (HUBER) als zweckmäßig erachtet, da nicht nur die Spitzen, sondern auch die Täler geglänzt werden.

Nach unseren bisherigen Untersuchungen eignet sich das Perchlorsäure-Essigsäure-Gemisch III oder IV am besten für das anodische Polieren von rostfreien Tafelmesserklingen mit mehr oder weniger karbidarmen, martensitischem Gefüge. Diese Gemische enthalten:

$$185 - 205 \text{ cm}^3 \quad HClO_4 \quad (1,61)$$
$$765 \text{ cm}^3 \quad \text{Azetanhydrid}$$
$$50 - 30 \text{ cm}^3 \quad H_2O$$

Bei Einhaltung der in den Polierbereich fallenden Spannungen (10 - 30 Volt) und Stromdichten (1,3 - 2,5 A/dm^2), einer Badtemperatur von 16 - 20°C, laminarer Umströmung der Anode und Abspülung des Polierfilms in fließendem Wasser, werden blaugepließtete Klingen gut geglänzt und poliert, jedoch wird der Glanz und die Glätte mechanisch polierter Klingen nicht erreicht. Infolge der geringen nur anwendbaren Stromdichte (1,3 - 2,5 A/dm^2) werden dazu, trotz der hohen Stromausbeute (ca. 100 %) verhältnismäßig lange Polierzeiten (mindestens 20 min.) benötigt.

Forschungsberichte des Wirtschafts- und Verkehrsministeriums Nordrhein-Westfalen

C. Elektrolytisches Polieren mit einem Phosphorsäure-Schwefelsäure-Gemisch

Da das elektrolytische Polieren blaugepließteter Klingen in Perchlorsäure zu keiner einwandfreien Endpolitur geführt hatte, wurden die Poliereigenschaften nicht-perchlorsäurehaltiger Gemische untersucht. Es sollte dabei die Rauhigkeit der Oberfläche geströpter Klingen soweit vermindert werden, daß sie anschließend mechanisch fertigpoliert werden konnten. Dieser Prozeß darf eigentlich nicht mehr als anodisches Polieren bezeichnet, sondern muß als elektrolytischer Bearbeitungsprozeß angesehen werden.

Im Verlaufe dieser Untersuchungen wurden die besten Ergebnisse mit dem folgenden Poliergemisch erhalten:

$$
\begin{array}{ll}
700 \text{ cm}^3 & H_3PO_4 \quad (1,74) \\
300 \text{ cm}^3 & H_2SO_4 \quad (1,84) \\
50 \text{ gr} & CrO_3 \\
50 \text{ gr} & H_2O \\
20 \text{ gr} & FeSO_4 \\
100 \text{ gr} & Fe(OH)_3
\end{array}
$$

Die günstigsten "Polierbedingungen" lagen zwischen 30 und 140 A/dm^2 bei einer Badtemperatur zwischen 80 und 90°C. Die Glänzwirkung war aber geringer als bei Verwendung der Perchlorsäure-Gemische.

Durch Anwendung von Stromdichten von ca. 130 A/dm^2 (Stromausbeute ca. 38 %) gelang es, die Rauhigkeit geströpter Klingen (max. 5 μ) innerhalb von 5 min. bis auf ca. 0,3 μ einzuebnen; jedoch wiesen die Oberflächen noch eine gewisse Welligkeit mit Tiefen bis ca. 1 μ auf. Die Einebnungsgeschwindigkeit ist also 10-mal so groß wie im Perchlorsäure-Bad, die erreichbare Endglätte ist aber wesentlich schlechter. Der Versuch, diese Klingen mechanisch fertigzupolieren, ergab wahrscheinlich auf Grund der Welligkeit der Oberfläche keine zufriedenstellenden Ergebnisse.

D. Ausblick und allgemeine Folgerungen für weitere Untersuchungen

Nach den bisherigen Versuchen scheint die Aussicht, eine unseren Ansprüchen genügende Endpolitur auf anodischem Wege zu erzielen, sehr gering zu sein. Selbst bei sehr guter elektrolytischer Einebnung der makroskopischen Rauhigkeit wird der Glanz einer mechanisch polierten Klinge nicht erreicht. Dieser geringere Glanz ist auf eine feine Mikroätzung zurückzuführen, die durch die verschiedene Lösungsgeschwindigkeit der ungelösten Karbide und der Grundmasse (Martensit und Restaustenit) zustande kommt und praktisch nicht vermieden werden kann. (Bei sehr reinen Metallen wird zumindest Korngrenzenätzung beobachtet). Manche Autoren (ZENTLER-GORDON) sind überhaupt der Ansicht, daß es kaum gelingen wird, das mechanische durch das anodische Polieren zu ersetzen. Die Bilder M IVa, b, c, d zeigen hierzu die Aufnahmen der elektrolytisch bzw. mechanisch polierten Oberflächen.

Mehr Erfolg versprechen Untersuchungen, die den Ersatz des Pließtens durch elektrolytische Planätzung geströpter Klingen mit anschließender mechanischer Fertigpolitur zum Ziel haben. Jedoch sind hierzu noch umfassende Versuche nötig.

Vielleicht ist es auch zweckmäßig, eine gleichmäßigere Qualität der gepließteten Klingen (ohne Schleifriefen) herzustellen, mit der sich eine zufriedenstellende elektrolytische Endpolitur erreichen läßt. Die Oberflächengüte dieser Klingen würde dann zwischen der der blaugepließteten und der mechanisch polierten Klinge liegen.

Ob man durch Entwicklung geeigneter, gut glänz- und polierbarer Chromstahl-Legierungen zum Erfolg kommen könnte, ist erst nach langwierigen Versuchen zu entscheiden, da ja die Schneid- und Korrosionseigenschaften der Klingen nicht verschlechtert werden dürfen. Dabei müßte vor allem auf die Verminderung der ungelösten Karbide abgezielt werden. Ähnliche Untersuchungen bei anderen Metall-Legierungen wurden in den USA bereits mit Erfolg durchgeführt.

Direktor Dipl.-Ing. H. S T Ü D E M A N N und
Dipl.-Phys. W. T H E N
Forschungsinstitut an der Fachschule
für Metallgestaltung und Metalltechnik,
Solingen

Forschungsberichte des Wirtschafts- und Verkehrsministeriums Nordrhein-Westfalen

Profilaufnahmen von Klingenflächen

Profilaufnahmen P 4a - l

4. Vergleich der Registrierung bei verschiedenen Vorschub-Geschwindigkeiten und Impulszahlen

    a bis h   geströpte Messerklinge
    i   Planglas
    k   blaugepließtete Klinge
    l   korrodierte, blaugepließtete Klinge

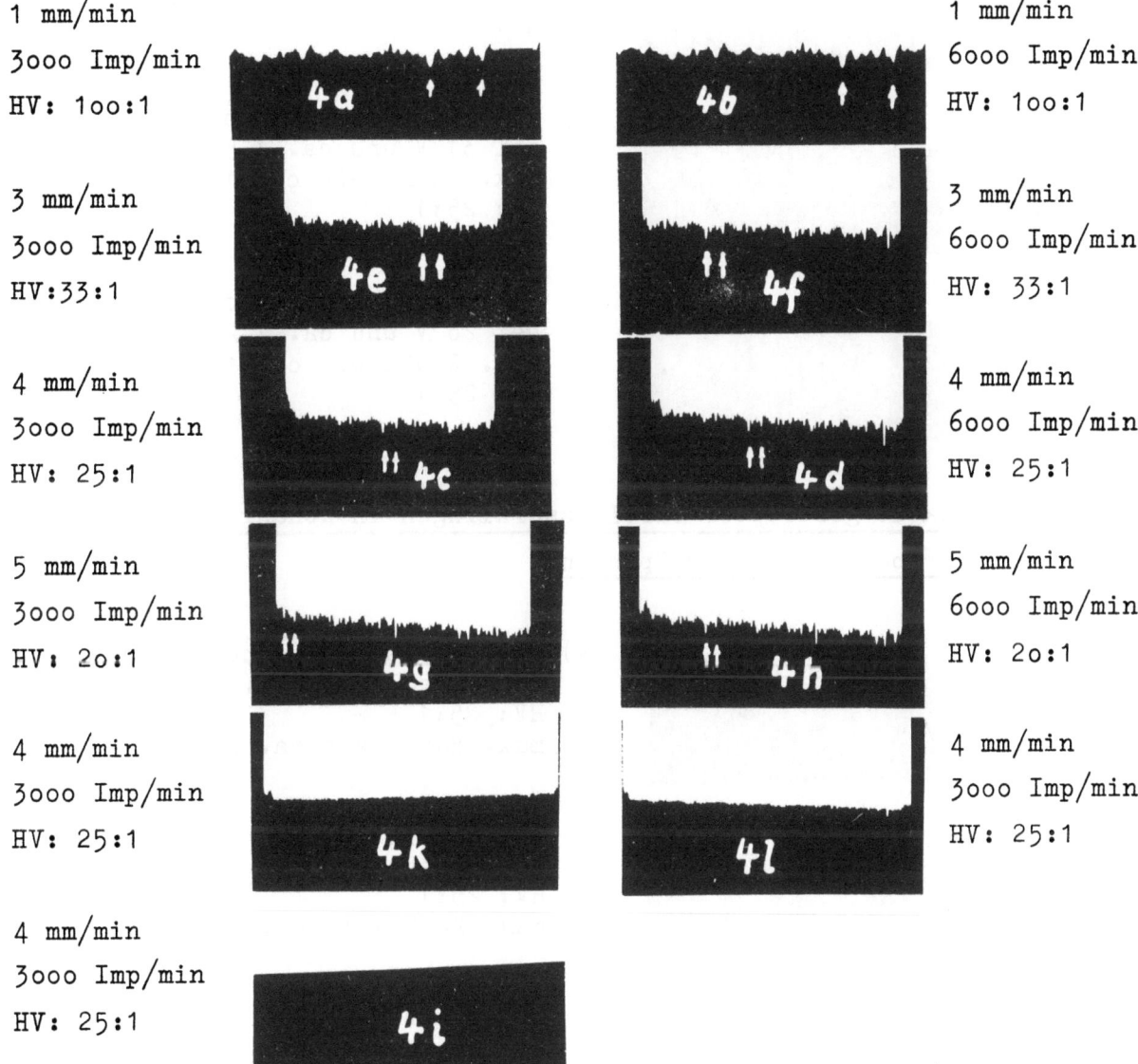

1 mm/min 3000 Imp/min HV: 100:1	1 mm/min 6000 Imp/min HV: 100:1
3 mm/min 3000 Imp/min HV: 33:1	3 mm/min 6000 Imp/min HV: 33:1
4 mm/min 3000 Imp/min HV: 25:1	4 mm/min 6000 Imp/min HV: 25:1
5 mm/min 3000 Imp/min HV: 20:1	5 mm/min 6000 Imp/min HV: 20:1
4 mm/min 3000 Imp/min HV: 25:1	4 mm/min 3000 Imp/min HV: 25:1
4 mm/min 3000 Imp/min HV: 25:1	

Forschungsberichte des Wirtschafts- und Verkehrsministeriums Nordrhein-Westfalen

<u>Profilaufnahmen P 5a - d, 6a - c</u>

<u>5. Die Rauhigkeit geströpter Tafelmesserklingen in Abhängigkeit von der Polierspannung bei konstanter Polierdauer</u>

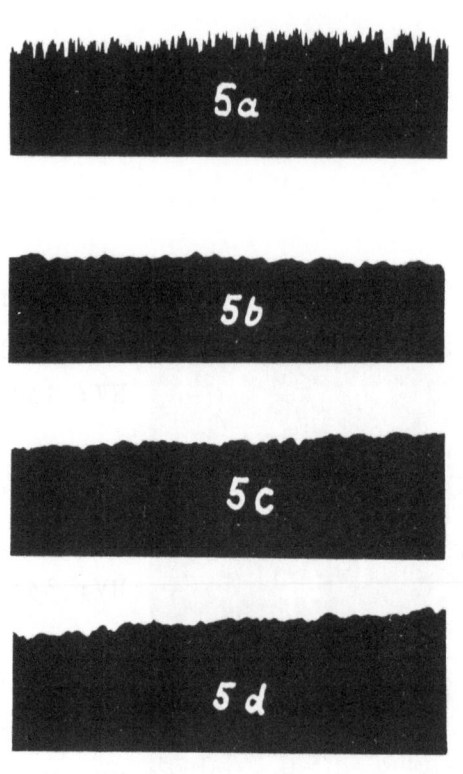

a) geströpte Klinge, nicht poliert
max. Rauhtiefe ca. 3 μ
HV: 25:1

b) geströpte Klinge, 40 min. poliert bei 40 V und ca. 1,5 - 2 Amp.
max. Rauhtiefe ca. 1,5 μ
HV: 25:1

c) geströpte Klinge, 40 min. poliert bei 31 V und ca. 1,5 Amp.
max. Rauhtiefe ca. 1 μ
HV: 25:1

d) geströpte Klinge, 40 min. poliert bei 20 V und ca. 1,2 - 1,5 Amp.
max. Rauhtiefe ca. 1,5 μ
HV: 25:1

<u>6. Die Rauhigkeit geströpter Tafelmesserklingen in Abhängigkeit von der Polierdauer bei konstanter Spannung</u>

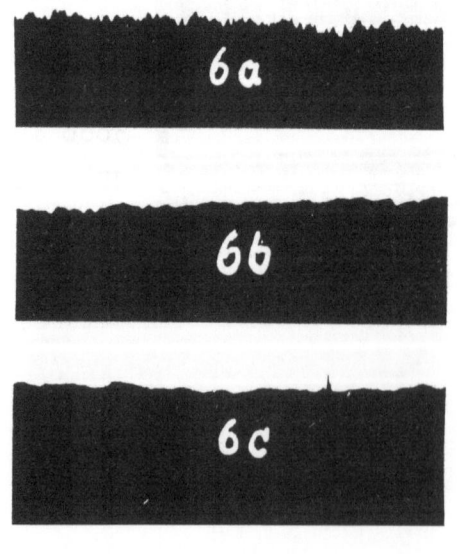

a) poliert bei 44 V und 1,5 Amp.
Polierdauer 15 min.
HV: 25:1
max. Rauhtiefe ca. 2 μ

b) poliert bei 44 V und 1,5 Amp.
Polierdauer 30 min.
HV: 25:1
max. Rauhtiefe ca. 1 μ

c) poliert bei 44 V und 1,5 Amp.
Polierdauer 40 min.
HV: 25:1
max. Rauhtiefe: ca. 1 μ

Forschungsberichte des Wirtschafts- und Verkehrsministeriums Nordrhein-Westfalen

Profilaufnahmen P 6A - H

6. Die Verbesserung der Oberflächengüte einer masch. geschliffenen Klinge durch Ströpen, Pließten und mechan. Polieren

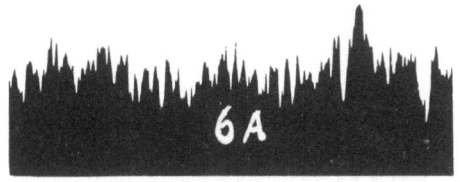

A. Klingenfläche masch. geschliffen
   HV: 25:1
   Rauhtiefe: bis 15 μ , max. bis 20 μ

B. Klingenfläche geströpt
   HV: 25:1
   Rauhtiefe: ca. 3 μ , max. bis 5 μ

C. Klingenfläche fein gepließtet
   HV: 25:1
   Rauhtiefe: 0,4 μ , max. bis 2,5 μ

D. Klingenfläche 2-mal fein gepließtet
   HV: 25:1
   Rauhtiefe: 0,2 μ , max. bis 2,5 μ

E. Klingenfläche blau-gepließtet
   HV: 25:1
   Rauhtiefe: 0,2 μ , max. bis 2,5 μ

F. Klingenfläche klar-gepließtet
   HV: 25:1
   Rauhtiefe: ca. 0,1 μ , max. bis 2,5 μ

G. Klingenfläche vorpoliert
   HV: 25:1
   Rauhtiefe: < 0,1 μ

H. Klingenfläche fertig poliert
   HV: 25:1
   Rauhtiefe: < 0,1 μ

Forschungsberichte des Wirtschafts- und Verkehrsministeriums Nordrhein-Westfalen

<u>Profilaufnahmen P 8a - d; P 11g - k</u>

8. Messung der Rauhtiefe einer feingepließteten Tafelmesserklinge vor und nach dem E-Polieren

Es wurde jeweils die gleiche Stelle auf der Klingenfläche registriert.

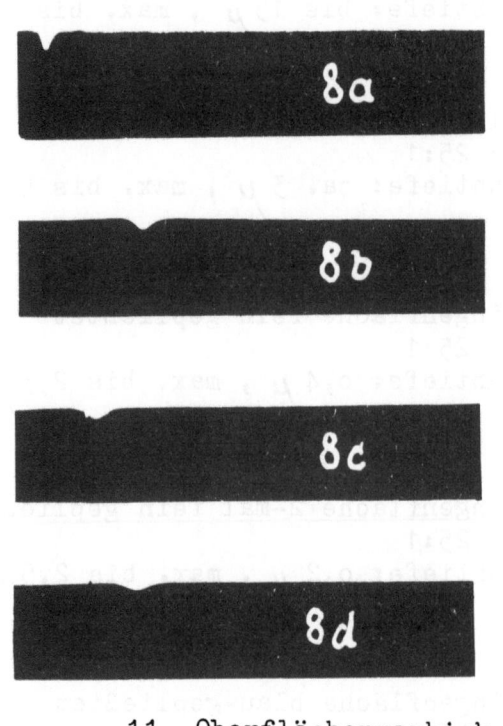

a) feingepließtete Klinge
Rauhtiefe i.a. 0,2 μ
max. Rauhtiefe bis 2,3 μ
HV: 100:1

b) 15 min. poliert
Rauhtiefe i.a. 0,1 μ
max. Rauhtiefe bis 1,6 μ
HV: 100:1, Abtragung 9,2 μ

c) 30 min. poliert
Rauhtiefe i.a. 0,1 μ
max. Rauhtiefe bis 1,3 μ
HV: 100:1, Abtragung 16,6 μ

d) 45 min. poliert
Rauhtiefe i.a. 0,1 μ
max. Rauhtiefe bis 1,0 μ
HV: 100:1, Abtragung 24,3 μ

11. Oberflächenrauhigkeit von gepließteten Klingen

(Rauhtiefe i.a. ca. 0,3 μ, max. bis 2,4 μ), die in 80 g-% H_3PO_4 + 20 g-% H_2SO_4 plangeätzt wurden

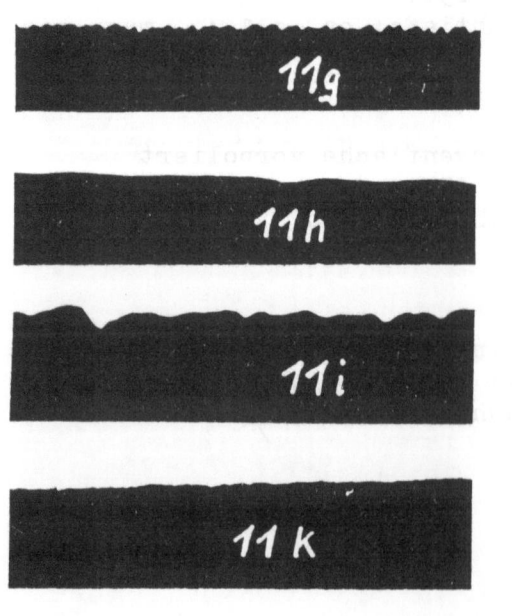

g) Rauhigkeit nach dem Polieren
ca. 0,8 - 1 μ
HV: 100:1

h) Rauhigkeit nach dem Polieren
0,1 μ, wellig
HV: 100:1

i) Rauhigkeit nach dem Polieren
i.a. ca. 1 μ, max. bis 3 μ
HV: 100:1

k) Rauhigkeit nach dem Polieren
ca. 0,3 μ
HV: 100:1

Forschungsberichte des Wirtschafts- und Verkehrsministeriums Nordrhein-Westfalen

Profilaufnahmen P 9a - d; 10k, l; 12a, b

9. Rauhigkeit einiger Klingen vor und nach dem E-Polieren

a) blaugepließtete Klinge
Rauhtiefe i.a. 0,3 μ bis 0,5 μ
max. Rauhtiefe 1,3 μ
HV: 100:1

b) feingepließtete Klinge
20 min. poliert
Rauhtiefe i.a. 0,1 μ , max. 2,3 μ
HV: 100:1

c) geströpte Klinge
Rauhtiefe i.a. 3 μ
max. Rauhtiefe ca. 8 μ
HV: 100:1

d) geströpte Klinge
20 min. poliert
Rauhtiefe i.a. ca. 2 μ , max. 3 μ
Abtragung 9,8 μ , HV: 100:1

10. Oberfläche geschliffen mit Papier 1/0

k) Rauhigkeit i.a. 0,5 μ
max. Rauhtiefe bis 1 μ
HV: 100:1

l) Rauhigkeit i.a. 0,5 μ
max. Rauhtiefe bis 1 μ
HV: 25:1

12. Oberfläche poliert, dann geschliffen mit Papier 3/0 bzw. 5/0

a) geschliffen mit Papier 3/0
Rauhigkeit i.a. 0,4 μ
max. Rauhtiefe bis 0,8 μ
HV: 100:1

b) geschliffen mit Papier 5/0
Rauhigkeit i.a. 0,3 μ
max. Rauhtiefe bis 0,5 μ
HV: 100:1

Forschungsberichte des Wirtschafts- und Verkehrsministeriums Nordrhein-Westfalen

Profilaufnahmen P 10e - h; 11a - d

Oberflächenrauhigkeit von Klingen, die in 80 g-% H_3PO_4 + 20 g-% H_2SO_4 plangeätzt wurden. Die Aufnahmen 10e - h zeigen die Oberfläche vor dem Polieren, die Aufnahmen 11a - d nach dem Polieren. HV beträgt jeweils 25 : 1.

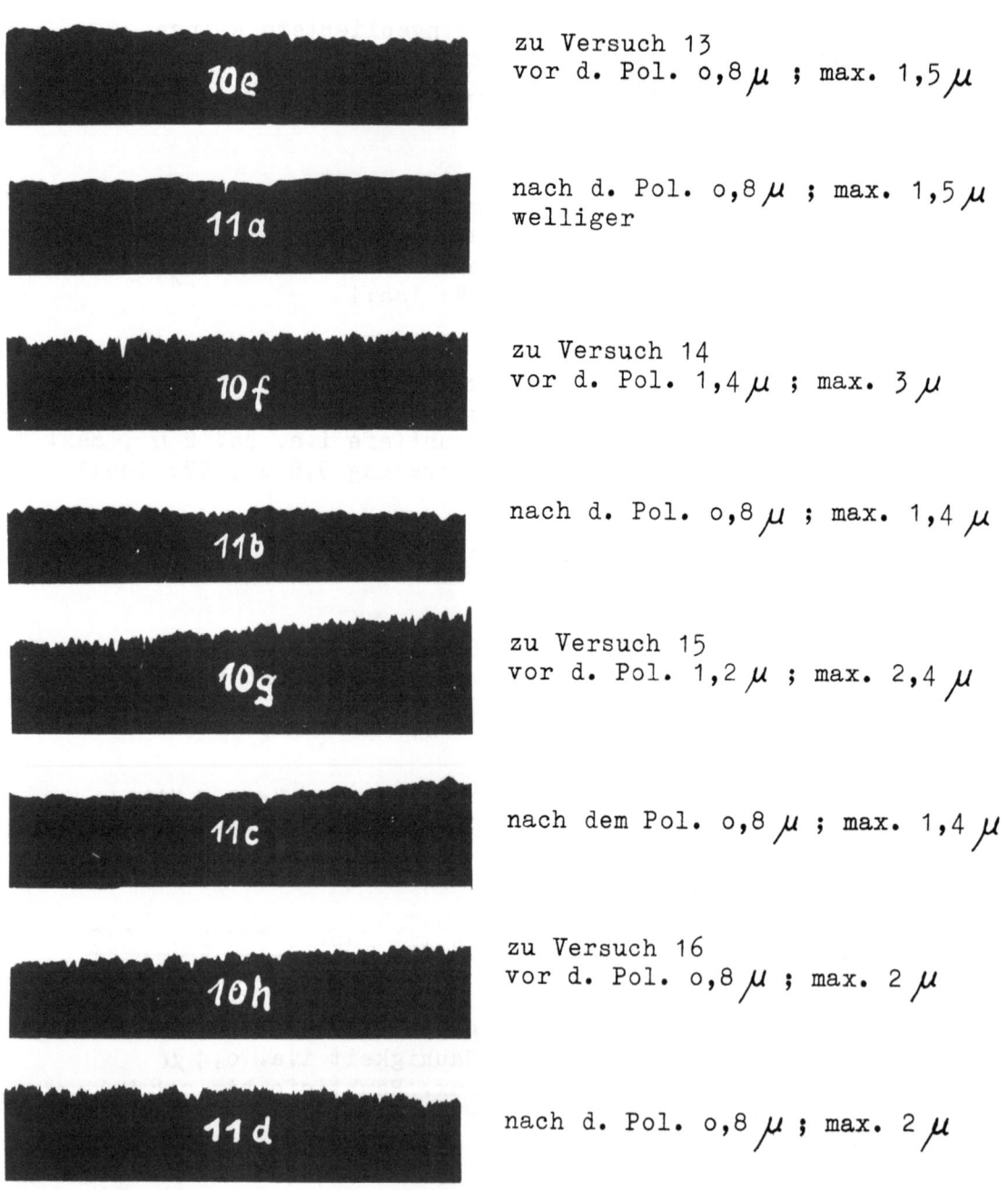

10e — zu Versuch 13
vor d. Pol. 0,8 μ ; max. 1,5 μ

11a — nach d. Pol. 0,8 μ ; max. 1,5 μ
welliger

10f — zu Versuch 14
vor d. Pol. 1,4 μ ; max. 3 μ

11b — nach d. Pol. 0,8 μ ; max. 1,4 μ

10g — zu Versuch 15
vor d. Pol. 1,2 μ ; max. 2,4 μ

11c — nach dem Pol. 0,8 μ ; max. 1,4 μ

10h — zu Versuch 16
vor d. Pol. 0,8 μ ; max. 2 μ

11d — nach d. Pol. 0,8 μ ; max. 2 μ

Profilaufnahmen P 12c - h; 13a, b, p - s

Oberflächenrauhigkeit (HV 25 : 1) geströpter Klingen (s. Tab. S. 57)

vor und nach
dem E-Polieren

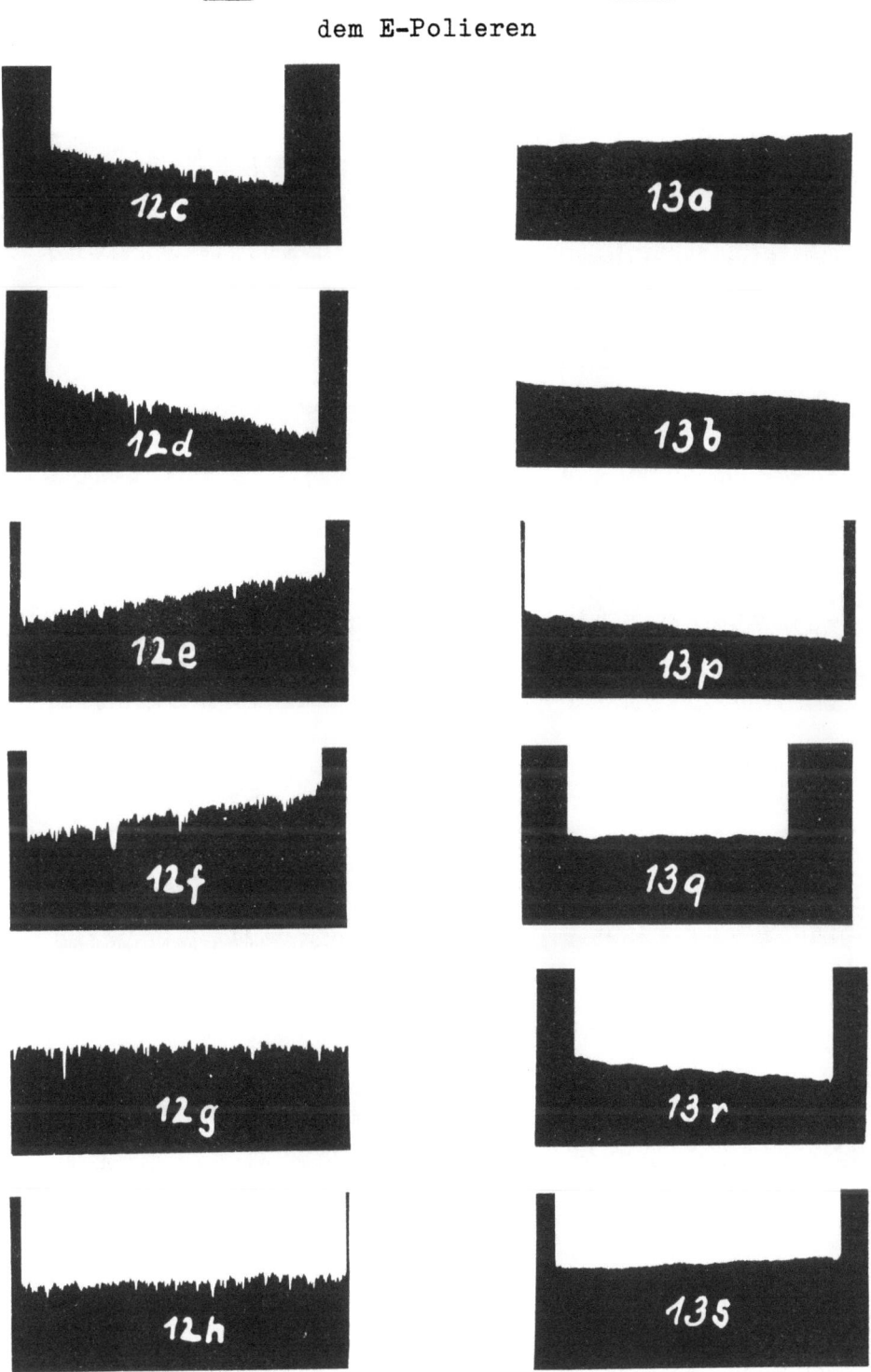

Forschungsberichte des Wirtschafts- und Verkehrsministeriums Nordrhein-Westfalen

Profilaufnahmen P 12i - o; 13c, d, l - o

Oberflächenrauhigkeit (HV 25 : 1) feingepließteter Klingen (s. Tab. S. 57)

vor   und   nach

dem E-Polieren

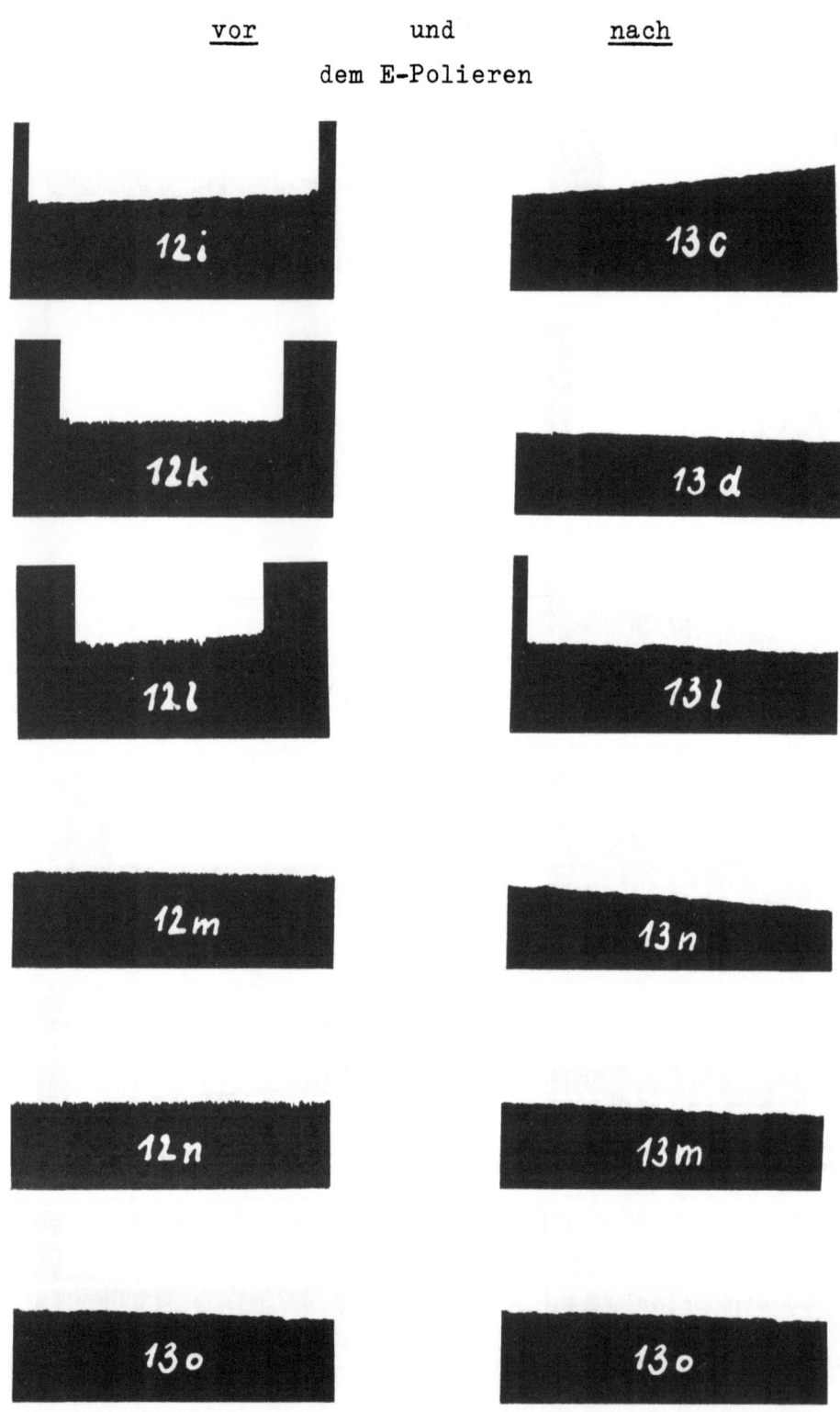

Profilaufnahmen P 12p - u; 13e - k

Oberflächenrauhigkeit (HV 25 : 1) blaugepließteter Klingen
(S. Tab. S. 57)

<u>vor</u> und <u>nach</u>
dem E-Polieren

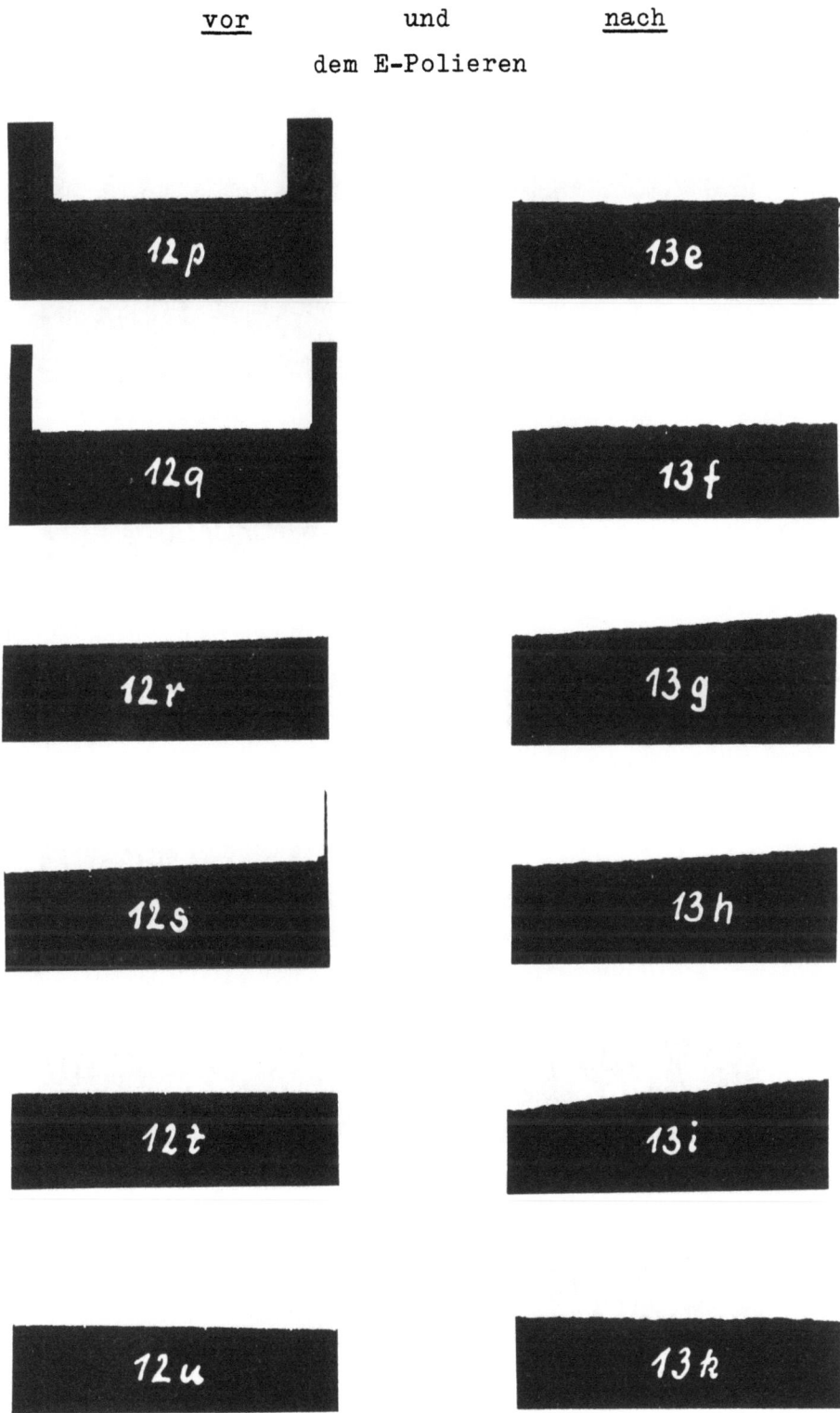

Forschungsberichte des Wirtschafts- und Verkehrsministeriums Nordrhein-Westfalen

Profilaufnahmen P 16a - e, 16o - t, 17a

Zu Seite 39/40. Oberflächenrauhigkeit von Tafelmesserklingen vor und nach dem Polieren im Perchlorsäure-Essigsäure-Gemisch IV. Horizontale Vergrösserung 25 : 1

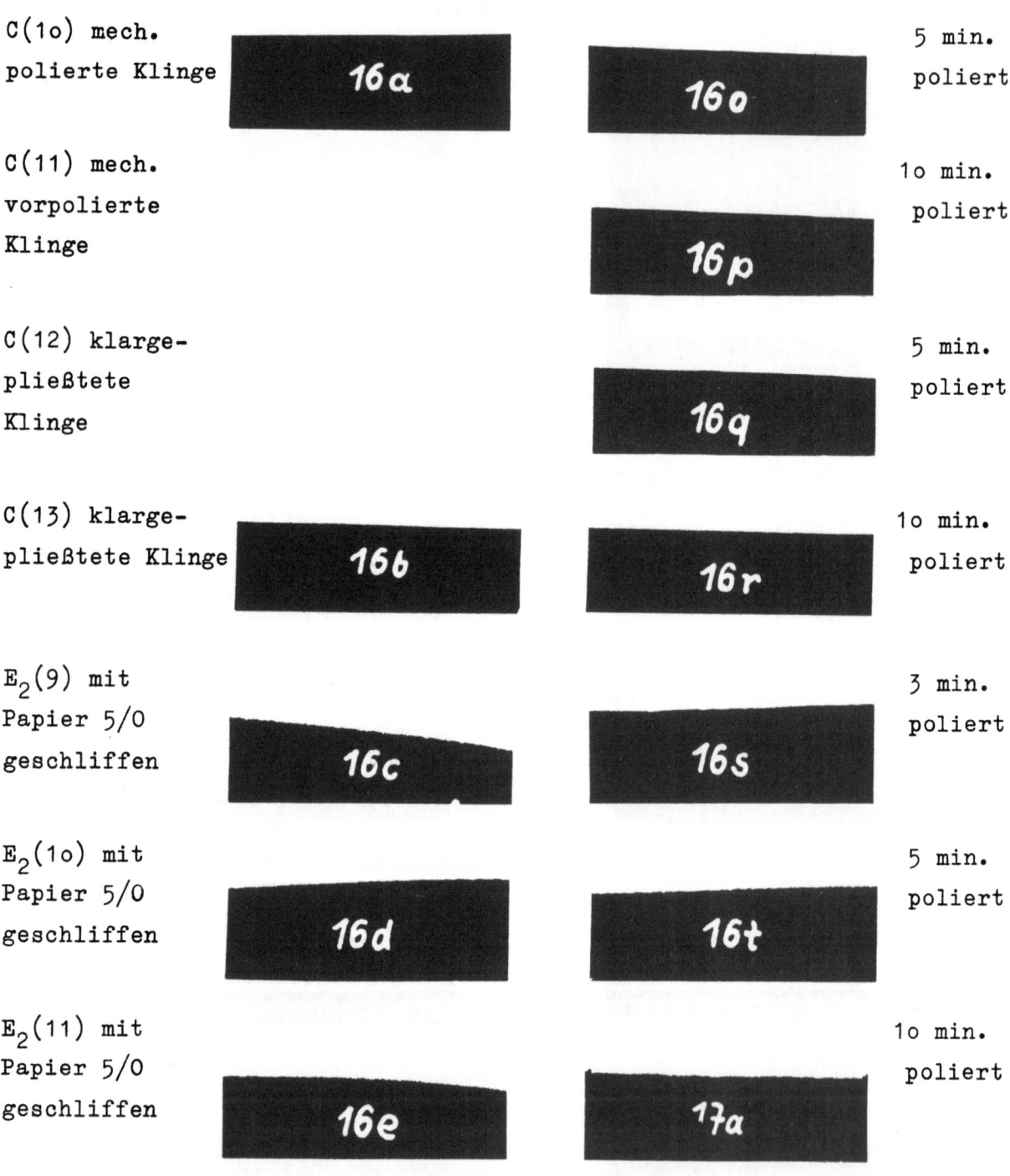

C(1o) mech. polierte Klinge — 16a — 16o — 5 min. poliert

C(11) mech. vorpolierte Klinge — 16p — 1o min. poliert

C(12) klargepließtete Klinge — 16q — 5 min. poliert

C(13) klargepließtete Klinge — 16b — 16r — 1o min. poliert

$E_2(9)$ mit Papier 5/0 geschliffen — 16c — 16s — 3 min. poliert

$E_2(1o)$ mit Papier 5/0 geschliffen — 16d — 16t — 5 min. poliert

$E_2(11)$ mit Papier 5/0 geschliffen — 16e — 17a — 1o min. poliert

Forschungsberichte des Wirtschafts- und Verkehrsministeriums Nordrhein-Westfalen

Profilaufnahmen P 16f - m; 17b - h

Zu Seite 40. Oberflächenrauhigkeit von Tafelmesserklingen vor und nach dem Polieren im Perchlorsäure-Essigsäure-Gemisch IV. Horizontale Vergrösserung 25 : 1

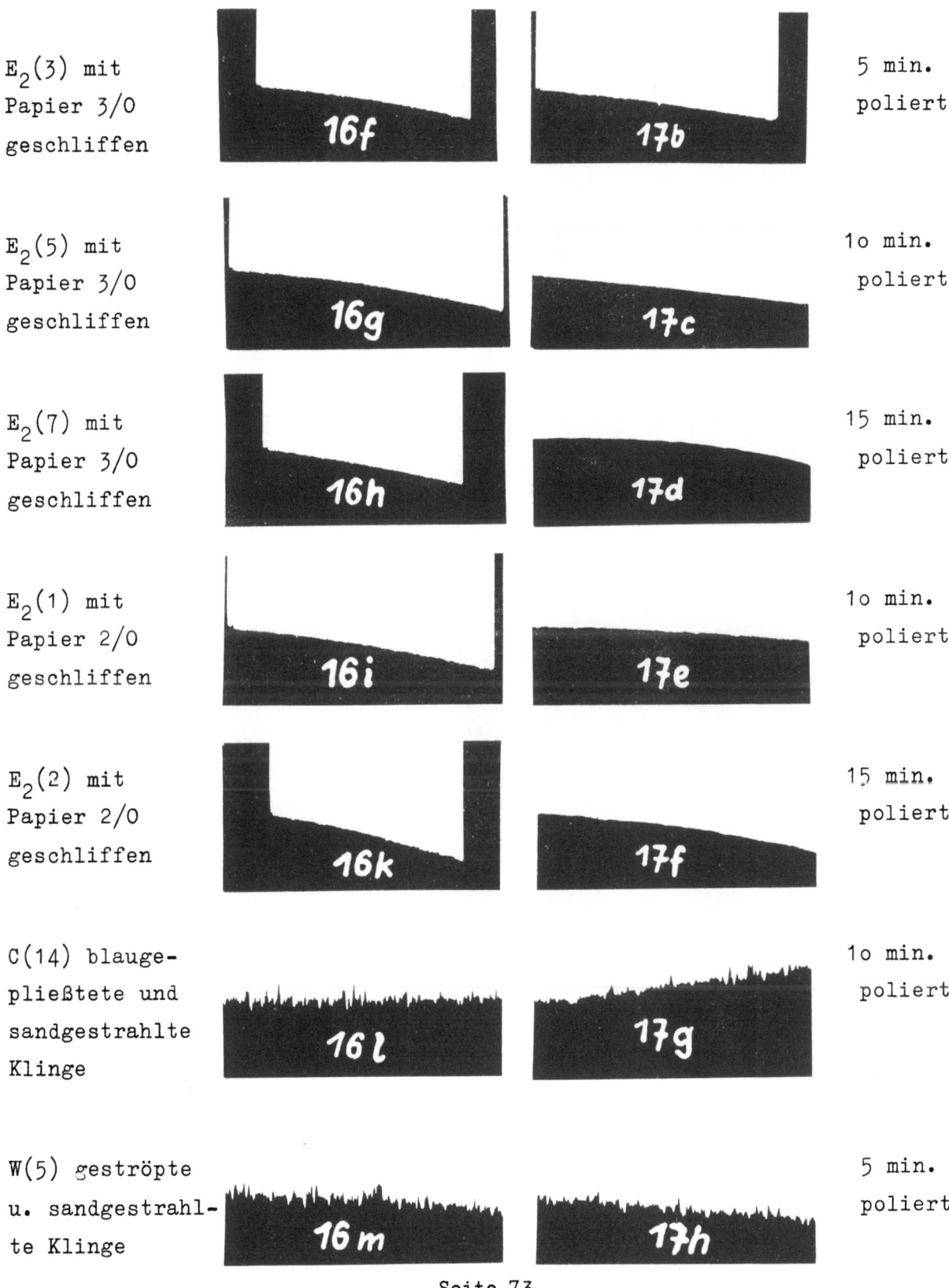

$E_2(3)$ mit Papier 3/0 geschliffen	16f / 17b	5 min. poliert
$E_2(5)$ mit Papier 3/0 geschliffen	16g / 17c	10 min. poliert
$E_2(7)$ mit Papier 3/0 geschliffen	16h / 17d	15 min. poliert
$E_2(1)$ mit Papier 2/0 geschliffen	16i / 17e	10 min. poliert
$E_2(2)$ mit Papier 2/0 geschliffen	16k / 17f	15 min. poliert
C(14) blaugepließtete und sandgestrahlte Klinge	16l / 17g	10 min. poliert
W(5) geströpte u. sandgestrahlte Klinge	16m / 17h	5 min. poliert

Forschungsberichte des Wirtschafts- und Verkehrsministeriums Nordrhein-Westfalen

Profilaufnahmen P 17i - m

Zu Seite 4o. Oberflächenrauhigkeit einer mit Papier 3/0 geschliffenen Klinge vor bzw. nach einer Polierdauer von 15, 3o und 45 min. Horizontale Vergrößerung 25 : 1

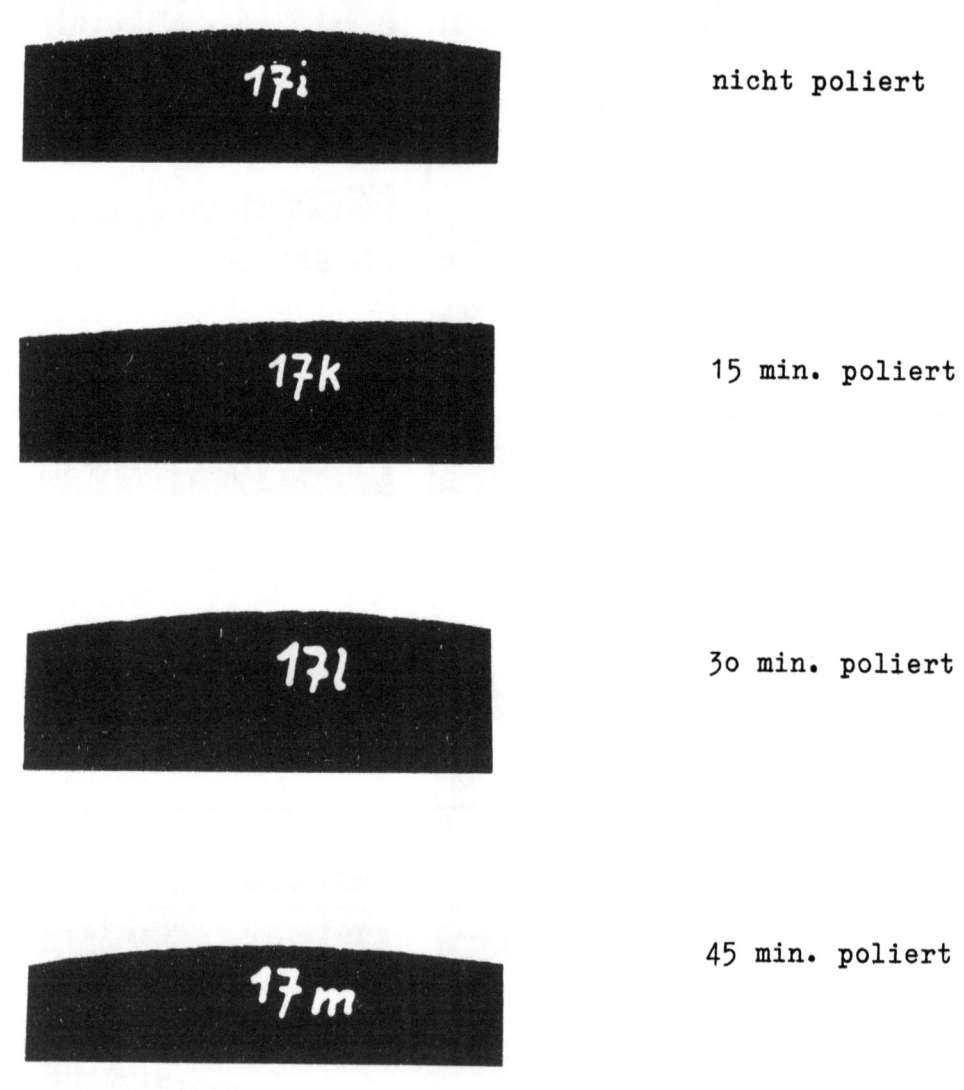

nicht poliert

15 min. poliert

3o min. poliert

45 min. poliert

Forschungsberichte des Wirtschafts- und Verkehrsministeriums Nordrhein-Westfalen

Mikroskopische Aufnahmen von Klingenflächen

Mikroskopische Aufnahmen M Ia - c; IIa - c

blaugepließtete Klinge D (I)   geströpte Klinge W (I)

M Ia. nicht poliert Vergr. 11 x   M IIa. nicht poliert Vergr. 11 x

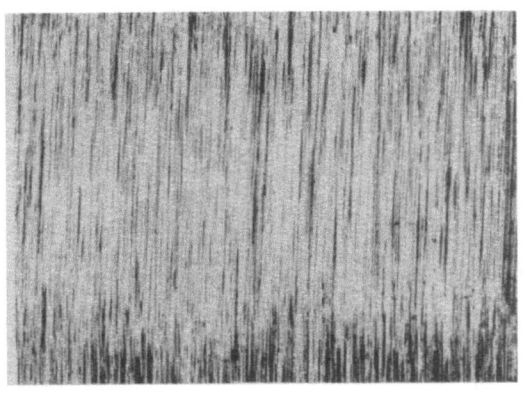

M Ib. 1o min. poliert Vergr. 11 x   M IIb. 1o min. poliert Vergr. 11 x

M I c. 2o min. poliert Vergr. 11 x   M IIc. 2o min. poliert Vergr. 11 x

Forschungsberichte des Wirtschafts- und Verkehrsministeriums Nordrhein-Westfalen

Mikroskopische Aufnahmen M IIIa, b

M IIIa. Blaugepließtete Klinge E_1 (1)

obere Klinge, poliert in 80 g-% H_3PO_4 + 20 g-% H_2SO_4
untere Klinge, poliert in Perchlorsäure-Essigsäure-Gemisch

3 verschiedene Gefüge!

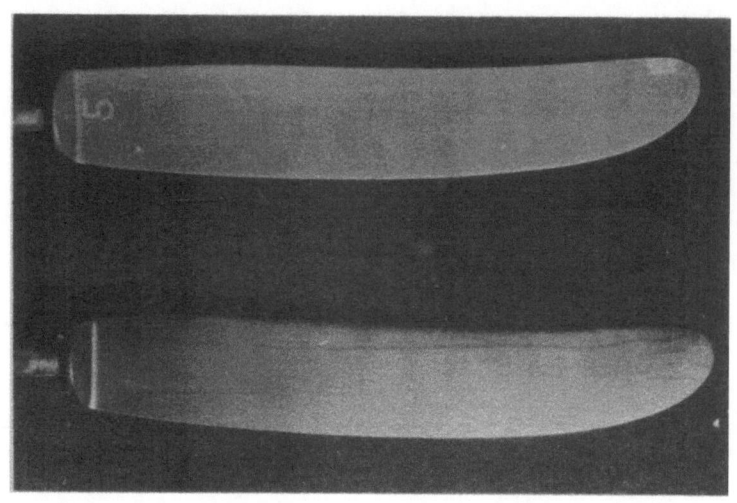

M IIIb. Blaugepließtete Klingen

Elektrolytisch poliert in 83 g-% H_3PO_4 bzw. 80 g-% H_3PO_4 + 20 g-% H_2SO_4

Ätzmuster, hervorgerufen durch das Richten der Klingen.

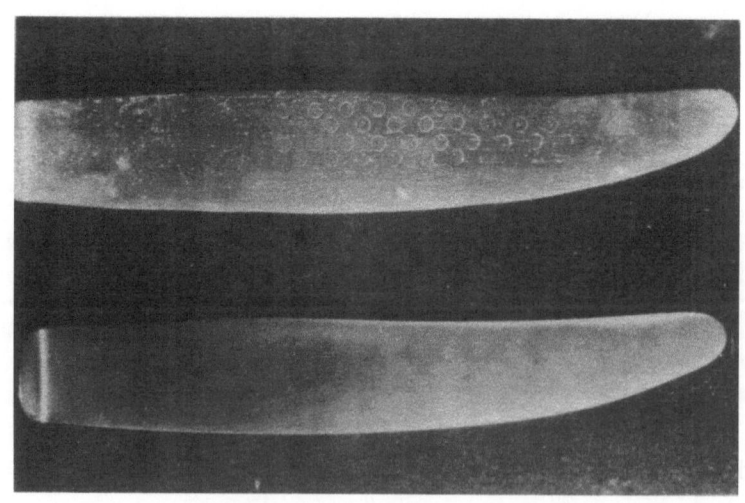

Mikroskopische Aufnahmen M IVa, b

Aufnahmen	elektrolytisch	polierter (geglänzter) Oberflächen.
Perlit- zeile	starke Karbid- ausscheidung	geringere Karbid- ausscheidung

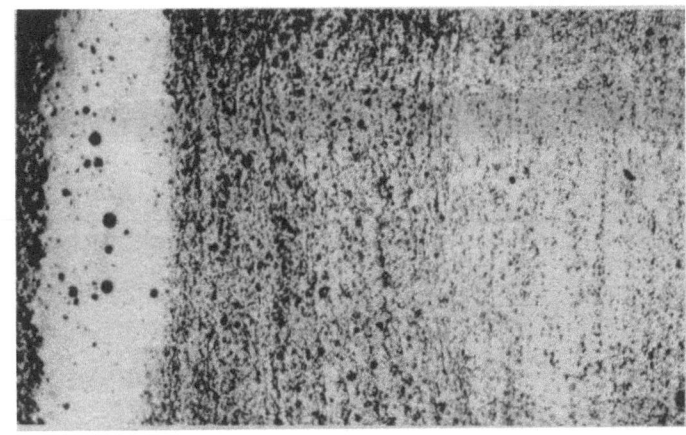

M IV a (s.a. M IIIa)
blaugepließtete Klinge
elektrol. poliert,
3 verschiedene Gefüge
Vergrößerung 61 x

sehr gu- ter Glanz	sehr schlech- ter Glanz	schlechter Glanz

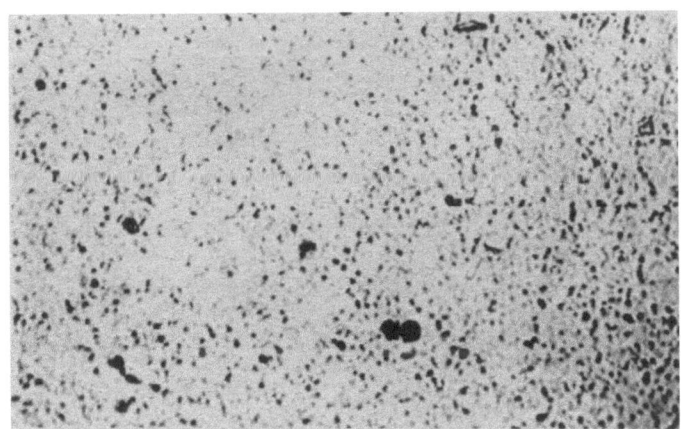

M IV b
normale Klinge,
elektrol. poliert,
gut geglänzt, viele feine
ungelöste Karbide
Vergrößerung 61 x

Forschungsberichte des Wirtschafts- und Verkehrsministeriums Nordrhein-Westfalen

Mikroskopische Aufnahmen M IVc, d

Aufnahmen elektrolytisch polierter (geglänzter) Oberflächen

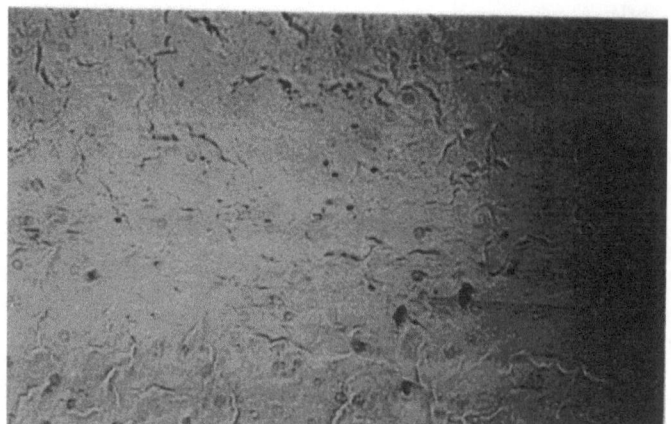

M IVc
Blech: 13 % Cr; 0,2 % C
elektrol. poliert, besser
geglänzt als Klinge unter
M IVb, weniger ungelöste
Karbide
Vergrößerung 61 x

M IVd
normale Klinge
mech. fertig poliert
Vergrößerung 61 x

Literaturverzeichnis

H. RAETHER	MO 6 (1952) 8 (A 113)
P. JACQUETS	C.R. 2o1, 1473/75 (1935)
P. JACQUETS	Revue de Métallurgie 37/194o, 21o
SAKAE TAJIMA	MO 4 (1952) 4 (B 54)
	4 (1952) 5 (B 73)
O. ZMESKAL	Metal Progress 4 (1945) 729/36
J. HEYES u. W.A. FISCHER	MO 4 (195o) 3 (A 38)
J. HEYES	MO 3 (1951) 12 (B 177), (B179)
K. HUBER	Z. Elektrochem. u. Phys. Chem. 55/2 (1951) 165
H.E. ZENTLER-GORDON	New Developments of Electrolytic Polishing. Silver Jubiles Conference of the Electrodepositors Technical Soc. Eastbourne, April 195o

FORSCHUNGSBERICHTE
DES WIRTSCHAFTS- UND VERKEHRSMINISTERIUMS
NORDRHEIN-WESTFALEN

Herausgegeben von Staatssekretär Prof. Leo Brandt

Heft 1:
Prof. Dr.-Ing. Eugen Flegler, Aachen,
Untersuchungen oxydischer Ferromagnet-Werkstoffe

Heft 2:
Prof. Dr. phil. Walter Fuchs, Aachen,
Untersuchungen über absatzfreie Teeröle

Heft 3:
Techn.-Wissenschaftl. Büro für die Bastfaserindustrie, Bielefeld,
Untersuchungsarbeiten zur Verbesserung des Leinenwebstuhls

Heft 4:
Prof. Dr. E. A. Müller u. Dipl.-Ing. H. Spitzer, Dortmund,
Untersuchungen über die Hitzebelastung in Hüttenbetrieben

Heft 5:
Dipl.-Ing. Werner Fister, Aachen,
Prüfstand der Turbinenuntersuchungen

Heft 6:
Prof. Dr. phil. Walter Fuchs, Aachen,
Untersuchungen über die Zusammensetzung und Verwendbarkeit von Schwelteerfraktionen

Heft 7:
Prof. Dr. phil. Walter Fuchs, Aachen,
Untersuchungen über emsländisches Petrolatum

Heft 8:
Maria Elisabeth Meffert und Heinz Stratmann, Essen
Algen-Großkulturen im Sommer 1951

Heft 9:
Techn.-Wissenschaftl. Büro für die Bastfaserindustrie, Bielefeld,
Untersuchungen über die zweckmäßige Wicklungsart von Leinengarnkreuzspulen unter Berücksichtigung der Anwendung hoher Geschwindigkeiten des Garnes
Vorversuche für Zetteln und Schären von Leinengarnen auf Hochleistungsmaschinen

Heft 10:
Prof. Dr. Wilhelm Vogel, Köln,
„Das Streifenpaar" als neues System zur mechanischen Vergrößerung kleiner Verschiebungen und seine technischen Anwendungsmöglichkeiten

Heft 11:
Laboratorium für Werkzeugmaschinen und Betriebslehre, Technische Hochschule Aachen,
1. Untersuchungen über Metallbearbeitung im Fräsvorgang mit Hartmetallwerkzeugen und negativem Spanwinkel
2. Weiterentwicklung des Schleifverfahrens für die Herstellung von Präzisionswerkstücken unter Vermeidung hoher Temperaturen
3. Untersuchung von Oberflächenveredlungsverfahren zur Steigerung der Belastbarkeit hochbeanspruchter Bauteile

Heft 12:
Elektrowärme-Institut, Langenberg (Rhld.),
Induktive Erwärmung mit Netzfrequenz

Heft 13:
Techn.-Wissenschaftl. Büro für die Bastfaserindustrie, Bielefeld,
Das Naßspinnen von Bastfasergarnen mit chemischen Zusätzen zum Spinnbad

Heft 14:
Forschungsstelle für Acetylen, Dortmund,
Untersuchungen über Aceton als Lösungsmittel für Acetylen

Heft 15:
Wäschereiforschung Krefeld,
Trocknen von Wäschestoffen

Heft 16:
Max-Planck-Institut für Kohlenforschung, Mülheim a. d. Ruhr,
Arbeiten des MPI für Kohlenforschung

Heft 17:
Ingenieurbüro Herbert Stein, M. Gladbach,
Untersuchung der Verzugsvorgänge in den Streckwerken verschiedener Spinnereimaschinen. 1. Bericht: Vergleichende Prüfung mit verschiedenen Dickenmeßgeräten

Heft 18:
Wäschereiforschung Krefeld,
Grundlagen zur Erfassung der chemischen Schädigung beim Waschen

Heft 19:
Techn.-Wissenschaftl. Büro für die Bastfaserindustrie, Bielefeld,
Die Auswirkung des Schlichtens von Leinengarnketten auf den Verarbeitungswirkungsgrad, sowie die Festigkeits- und Dehnungsverhältnisse der Garne und Gewebe

Heft 20:
Techn.-Wissenschaftl. Büro für die Bastfaserindustrie, Bielefeld,
Trocknung von Leinengarnen I
Vorgang und Einwirkung auf die Garnqualität

Heft 21:
Techn.-Wissenschaftl. Büro für die Bastfaserindustrie, Bielefeld,
Trocknung von Leinengarnen II
Spulenanordnung und Luftführung beim Trocknen von Kreuzspulen

Heft 22:
Techn.-Wissenschaftl. Büro für die Bastfaserindustrie, Bielefeld,
Die Reparaturanfälligkeit von Webstühlen

Heft 23:
Institut für Starkstromtechnik, Aachen,
Rechnerische und experimentelle Untersuchungen zur Kenntnis der Metadyne als Umformer von konstanter Spannung auf konstanten Strom

Heft 24:
Institut für Starkstromtechnik, Aachen,
Vergleich verschiedener Generator-Metadyne-Schaltungen in bezug auf statisches Verhalten

Heft 25:
Gesellschaft für Kohlentechnik mbH., Dortmund-Eving,
Struktur der Steinkohlen und Steinkohlen-Kokse

Heft 26:
Techn.-Wissenschaftl. Büro für die Bastfaserindustrie, Bielefeld,
Vergleichende Untersuchungen zweier neuzeitlicher Ungleichmäßigkeitsprüfer für Bänder und Garne hinsichtlich Ihrer Eignung für die Bastfaserspinnerei

Heft 27:
Prof. Dr. E. Schratz, Münster,
Untersuchungen zur Rentabilität des Arzneipflanzenanbaues
Römische Kamille, Anthemis nobilis L.

Heft: 28:
Prof. Dr. E. Schratz, Münster,
Calendula officinalis L.
Studien zur Ernährung, Blütenfüllung und Rentabilität der Drogengewinnung

Heft 29:
Techn.-Wissenschaftl. Büro für die Bastfaserindustrie, Bielefeld,
Die Ausnützung der Leinengarne in Geweben

Heft 30:
Gesellschaft für Kohlentechnik mbH., Dortmund-Eving,
Kombinierte Entaschung und Verschwelung von Steinkohle; Aufarbeitung von Steinkohlenschlämmen zu verkokbarer oder verschwelbarer Kohle

Heft 31:
Dipl.-Ing. Störmann, Essen,
Messung des Leistungsbedarfs von Doppelsteg-Kettenförderern

Heft 32:
Techn.-Wissenschaftl. Büro für die Bastfaserindustrie, Bielefeld,
Der Einfluß der Natriumchloridbleiche auf Qualität und Verwebbarkeit von Leinengarnen und die Eigenschaften der Leinengewebe unter besonderer Berücksichtigung des Einsatzes von Schützen- und Spulenwechselautomaten in der Leinenweberei

Heft 33:
Kohlenstoffbiologische Forschungsstation e. V.,
Eine Methode zur Bestimmung von Schwefeldioxyd und Schwefelwasserstoff in Rauchgasen und in der Atmosphäre

Heft 34:
Textilforschungsanstalt Krefeld,
Quellungs- und Entquellungsvorgänge bei Faserstoffen

Heft 35:
Professor Dr. Wilhelm Kast, Krefeld,
Feinstrukturuntersuchungen an künstlichen Zellulosefasern verschiedener Herstellungsverfahren

Heft 36:
Forschungsinstitut der feuerfesten Industrie, Bonn,
Untersuchungen über die Trocknung von Rohton. Untersuchungen über die chemische Reinigung von Silika- und Schamotte-Rohstoffen mit chlorhaltigen Gasen

Heft 37:
Forschungsinstitut der feuerfesten Industrie, Bonn,
Untersuchungen über den Einfluß der Probenvorbereitung auf die Kaltdruckfestigkeit feuerfester Steine

Heft 38:
Forschungsstelle für Acetylen, Dortmund,
Untersuchungen über die Trocknung von Acetylen zur Herstellung von Dissousgas

Heft 39:
Forschungsgesellschaft Blechverarbeitung e. V., Düsseldorf,
Untersuchungen an prägegemusterten und vorgelochten Blechen

Heft 40:
Landesgeologe Dr.-Ing. W. Wolff, Amt für Bodenforschung, Krefeld,
Untersuchungen über die Anwendbarkeit geophysikalischer Verfahren zur Untersuchung von Spateisengängen im Siegerland

Heft 41:
Techn.-Wissenschaftl. Büro für die Bastfaserindustrie, Bielefeld,
Untersuchungsarbeiten zur Verbesserung des Leinenwebstuhles II

Heft 42:
Professor Dr. Burckhardt Helferich, Bonn,
Untersuchungen über Wirkstoffe — Fermente — in der Kartoffel und die Möglichkeit ihrer Verwendung

Heft 43:
Forschungsgesellschaft Blechverarbeitung e. V., Düsseldorf,
Forschungsergebnisse über das Beizen von Blechen

Heft 44:
Arbeitsgemeinschaft für praktische Dehnungsmessung, Düsseldorf,
Eigenschaften und Anwendungen von Dehnungsmeßstreifen

Heft 45:
Losenhausenwerk Düsseldorfer Maschinenbau AG., Düsseldorf,
Untersuchungen von störenden Einflüssen auf die Lastgrenzenanzeige von Dauerschwingprüfmaschinen

Heft 46:
Professor Dr. phil. W. Fuchs, Aachen,
Untersuchungen über die Aufbereitung von Wasser für die Dampferzeugung in Benson-Kesseln

Heft 47:
Prof. Dr.-Ing. habil. Karl Krekeler, Aachen,
Versuche über die Anwendung der induktiven Erwärmung zum Sintern von hochschmelzenden Metallen sowie zur Anlegierung und Vergütung von aufgespritzten Metallschichten mit dem Grundwerkstoff.

Heft 48:
Max-Planck-Institut für Eisenforschung, Düsseldorf,
Spektrochemische Analyse der Gefügebestandteile in Stählen nach ihrer Isolierung

Heft 49:
Max-Planck-Institut für Eisenforschung, Düsseldorf,
Untersuchungen über Ablauf der Desoxydation und die Bildung von Einschlüssen in Stählen

Heft 50:
Max-Planck-Institut für Eisenforschung, Düsseldorf,
Flammenspektralanalytische Untersuchung der Ferritzusammensetzung in Stählen

Heft 51:
Verein zur Förderung von Forschungs- und Entwicklungsarbeiten in der Werkzeugindustrie e. V., Remscheid,
Untersuchungen an Kreissägeblättern für Holz, Fehler- und Spannungsprüfverfahren

Heft 52:
Forschungsstelle für Azetylen, Dortmund,
Untersuchungen über den Umsatz bei der explosiblen Zersetzung von Azetylen
  a) Zersetzung von gasförmigem Azetylen,
  b) Zersetzung von an Silikagel adsorbiertem Azetylen

Heft 53:
Professor Dr.-Ing. H. Opitz, Aachen,
Reibwert- und Verschleißmessungen an Kunststoffgleitführungen für Werkzeugmaschinen

Heft 54:
Professor Dr.-Ing. habil. F. A. F. Schmidt, Aachen,
Schaffung von Grundlagen für die Erhöhung der spez. Leistung und Herabsetzung des spez. Brennstoffverbrauches bei Ottomotoren mit Teilbericht über Arbeiten an einem neuen Einspritzverfahren

Heft 55:
Forschungsgesellschaft Blechverarbeitung, Düsseldorf,
Chemisches Glänzen von Messing und Neusilber

Heft 56:
Forschungsgesellschaft Blechverarbeitung, Düsseldorf,
Untersuchungen über einige Probleme der Behandlung von Blechoberflächen

Heft 57:
Prof. Dr.-Ing. habil. F. A. F. Schmidt, Aachen,
Untersuchungen zur Erforschung des Einflusses des chemischen Aufbaues des Kraftstoffes auf sein Verhalten im Motor und in Brennkammern von Gasturbinen.

Heft 58:
Gesellschaft für Kohlentechnik m. b. H., Dortmund,
Herstellung und Untersuchung von Steinkohlenschwelteer.

Heft 59:
Forschungsinstitut der Feuerfest-Industrie, Bonn,
Ein Schnellanalysenverfahren zur Bestimmung von Aluminiumoxyd, Eisenoxyd und Titanoxyd in feuerfestem Material mittels organischer Farbreagenzien auf photometrischem Wege
Untersuchungen des Alkali-Gehaltes feuerfester Stoffe mit dem Flammenphotometer nach Riehm-Lange

Heft 60:
Forschungsgesellschaft Blechverarbeitung e. V., Düsseldorf,
Untersuchungen über das Spritzlackieren im elektrostatischen Hochspannungsfeld

Heft 61:
Verein zur Förderung von Forschungs- und Entwicklungsarbeiten in der Werkzeugindustrie e. V., Remscheid,
Schwingungs- und Arbeitsverhalten von Kreissägeblättern für Holz

Heft 62:
Professor Dr. W. Franz, Institut für theoretische Physik der Universität Münster,
Berechnung des elektrischen Durchschlags durch feste und flüssige Isolatoren

Heft 63:
Textilforschungsanstalt Krefeld,
Neue Methoden zur Untersuchung der Wirkungsweise von Textilhilfsmitteln
Untersuchungen über Schlichtungs- und Entschlichtungsvorgänge

Heft 64:
Textilforschungsanstalt Krefeld,
Die Kettenlängenverteilung von hochpolymeren Faserstoffen
Über die fraktionierte Fällung von Polyamiden

Heft 65:
Fachverband Schneidwarenindustrie, Solingen
Untersuchungen über das elektrolytische Polieren von Tafelmesserklingen aus rostfreiem Stahl

Heft 66:
Dr.-Ing. Peter Füsgen VDI †, Düsseldorf
Untersuchungen über das Auftreten des Ratterns bei selbsthemmenden Schneckengetrieben und seine Verhütung

Heft 67:
Heinrich Wösthoff o. H. G., Apparatebau, Bochum,
Entwicklung einer chemisch-physikalischen Apparatur zur Bestimmung kleinster Kohlenoxyd-Konzentrationen

Heft 68:
Kohlenstoffbiologische Forschungsstation e. V., Essen
Algengroßkulturen im Sommer 1952
II. Über die unsterile Großkultur von Scenedesmus obliquus

Heft 69:
Wäschereiforschung Krefeld
Bestimmung des Faserabbaues bei Leinen unter besonderer Berücksichtigung der Leinengarnbleiche

Heft 70:
Wäschereiforschung Krefeld
Trocknen von Wäschestoffen

Heft 71:
Prof. Dr.-Ing. K. Leist, Aachen
Kleingasturbinen, insbesondere zum Fahrzeugantrieb

Heft 72:
Prof. Dr.-Ing. K. Leist, Aachen
Beitrag zur Untersuchung von stehenden geraden Turbinengittern mit Hilfe von Druckverteilungsmessungen

Heft 73:
Prof. Dr.-Ing. K. Leist, Aachen
Spannungsoptische Untersuchungen von Turbinenschaufelfüßen

Heft 74:
Max-Planck-Institut für Eisenforschung, Düsseldorf
Versuche zur Klärung des Umwandlungsverhaltens eines sonderkarbidbildenden Chromstahls

Heft 75:
Max-Planck-Institut für Eisenforschung, Düsseldorf
Zeit-Temperatur-Umwandlungs-Schaubilder als Grundlage der Wärmebehandlung der Stähle

Heft 76:
Max-Planck-Institut für Arbeitsphysiologie, Dortmund
Arbeitstechnische und arbeitsphysiologische Rationalisierung von Mauersteinen

Heft 77:
Meteor Apparatebau Paul Schmeck G. m. b. H., Siegen
Entwicklung von Leuchtstoffröhren hoher Leistung

VERÖFFENTLICHUNGEN DER ARBEITSGEMEINSCHAFT FÜR FORSCHUNG DES LANDES NORDRHEIN-WESTFALEN

Im Auftrage des Ministerpräsidenten Karl Arnold
Herausgegeben von Staatssekretär Prof. Leo Brandt

Heft 1:
Prof. Dr.-Ing. Friedrich Seewald, Technische Hochschule Aachen,
Neue Entwicklungen auf dem Gebiete der Antriebsmaschinen
Prof. Dr.-Ing. Friedrich A. F. Schmidt, Technische Hochschule Aachen,
Technischer Stand und Zukunftsaussichten der Verbrennungsmaschinen, insbesondere der Gasturbinen
Dr.-Ing. R. Friedrich, Siemens-Schuckert-Werke A.-G., Mülheimer Werk,
Möglichkeiten und Voraussetzungen der industriellen Verwertung der Gasturbine

Heft 2:
Prof. Dr.-Ing. Wolfgang Riezler, Universität Bonn,
Probleme der Kernphysik
Prof. Dr. phil. Fritz Micheel, Universität Münster,
Isotope als Forschungsmittel in der Chemie und Biochemie

Heft 3:
Prof. Dr. med. Emil Lehnartz, Universität Münster,
Der Chemismus der Muskelmaschine
Prof. Dr. med. Gunther Lehmann, Direktor des Max-Planck-Instituts für Arbeitsphysiologie, Dortmund,
Physiologische Forschung als Voraussetzung der Bestgestaltung der menschlichen Arbeit
Prof. Dr. Heinrich Kraut, Max-Planck-Institut für Arbeitsphysiologie, Dortmund,
Ernährung und Leistungsfähigkeit

Heft 4:
Prof. Dr. Franz Wever, Max-Planck-Institut für Eisenforschung, Düsseldorf,
Aufgaben der Eisenforschung
Prof. Dr.-Ing. Hermann Schenck, Technische Hochschule Aachen,
Entwicklungslinien des deutschen Eisenhüttenwesens
Prof. Dr.-Ing. Max Haas, Techn. Hochschule Aachen,
Wirtschaftliche und technische Bedeutung der Leichtmetalle und ihre Entwicklungsmöglichkeiten

Heft 5:
Prof. Dr. med. Walter Kikuth, Medizinische Akademie Düsseldorf,
Virusforschung
Prof. Dr. Rolf Danneel, Universität Bonn,
Fortschritte der Krebsforschung
Prof. Dr. med. Dr. phil. W. Schulemann, Univ. Bonn,
Wirtschaftliche und organisatorische Gesichtspunkte für die Verbesserung unserer Hochschulforschung

Heft 6:
Prof. Dr. Walter Weizel, Institut für theoretische Physik, Bonn,
Die gegenwärtige Situation der Grundlagenforschung in der Physik
Prof. Dr. Siegfried Strugger, Universität Münster,
Das Duplikantenproblem in der Biologie
Prof. Dr. Rolf Danneel, Universität Bonn,
Über das Verhalten der Mitochondrien bei der Mitose der Mesenchymzellen des Hühner-Embryos
Direktor Dr. Fritz Gummert, Ruhrgas A.-G., Essen,
Überlegungen zu den Faktoren Raum und Zeit im biologischen Geschehen und Möglichkeiten einer Nutzanwendung

Heft 7:
Prof. Dr.-Ing. August Götte, Technische Hochschule Aachen,
Steinkohle als Rohstoff und Energiequelle
Prof. Dr. e. h. Karl Ziegler, Max-Planck-Institut für Kohlenforschung Mülheim a. d. Ruhr,
Über Arbeiten des Max-Planck-Instituts für Kohlenforschung

Heft 8:
Prof. Dr.-Ing. Wilhelm Fucks, Technische Hochschule Aachen,
Die Naturwissenschaft, die Technik und der Mensch
Prof. Dr. sc. pol. Walther Hoffmann, Universität Münster,
Wirtschaftliche und soziologische Probleme des technischen Fortschritts

Heft 9:
Prof. Dr.-Ing. Franz Bollenrath, Technische Hochschule Aachen,
Zur Entwicklung warmfester Werkstoffe
Dr. Heinrich Kaiser, Staatl. Materialprüfungsamt Dortmund,
Stand spektralanalytischer Prüfverfahren und Folgerung für deutsche Verhältnisse

Heft 10:
Prof. Dr. Hans Braun, Universität Bonn,
Möglichkeiten und Grenzen der Resistenzzüchtung
Prof. Dr.-Ing. Carl Heinrich Dencker, Universität Bonn,
Der Weg der Landwirtschaft von der Energieautarkie zur Fremdenergie

Heft 11:
Prof. Dr.-Ing. Herwart Opitz, Technische Hochschule Aachen,
Entwicklungslinien der Fertigungstechnik in der Metallbearbeitung
Prof. Dr.-Ing. Karl Krekeler, Technische Hochschule Aachen,
Stand und Aussichten der schweißtechnischen Fertigungsverfahren

Heft: 12
Dr. Hermann Rathert, Mitglied des Vorstandes der Vereinigten Glanzstoff-Fabriken A.-G., Wuppertal-Elberfeld,
Entwicklung auf dem Gebiet der Chemiefaser-Herstellung
Prof. Dr. Wilhelm Weltzien, Direktor der Textilforschungsanstalt Krefeld,
Rohstoff und Veredlung in der Textilwirtschaft

Heft: 13
Dr.-Ing. e. h. Karl Herz, Chefingenieur im Bundesministerium für das Post- und Fernmeldewesen Frankfurt a. Main,
Die technischen Entwicklungstendenzen im elektrischen Nachrichtenwesen
Ministerialdirektor Dipl.-Ing. Leo Brandt, Düsseldorf,
Navigation und Luftsicherung

Heft 14:
Prof. Dr. Burckhardt Helferich, Universität Bonn,
Stand der Enzymchemie und ihre Bedeutung
Prof. Dr. med. Hugo W. Knipping, Direktor der Med. Universitätsklinik Köln,
Ausschnitt aus der klinischen Carcinomforschung am Beispiel des Lungenkrebses

Heft 15:
Prof. Dr. Abraham Esau, Technische Hochschule Aachen,
Die Bedeutung von Wellenimpulsverfahren in Technik und Natur
Prof. Dr.-Ing. Eugen Flegler, Technische Hochschule Aachen,
Die ferromagnetischen Werkstoffe in der Elektrotechnik und ihre neueste Entwicklung

Heft 16:
Prof. Dr. rer. pol. Rudolf Seyffert, Universität Köln,
Die Problematik der Distribution
Prof. Dr. rer. pol. Theodor Beste, Universität Köln,
Der Leistungslohn

Heft 17:
Prof. Dr.-Ing. Friedrich Seewald, Technische Hochschule Aachen,
Die Flugtechnik und ihre Bedeutung für den allgemeinen technischen Fortschritt
Prof. Dr.-Ing. Edouard Houdremont, Essen,
Art und Organisation der Forschung in einem Industriekonzern

Heft 18:
Prof. Dr. med. Dr. phil. W. Schulemann, Universität Bonn,
Theorie und Praxis pharmakologischer Forschung
Prof. Dr. Wilhelm Groth, Direktor des Physikalisch-Chemischen Instituts, Universität Bonn,
Technische Verfahren zur Isotopentrennung

Heft 19:
Dipl.-Ing. Kurt Traenckner, Stellvertr. Vorstandsmitglied der Ruhrgas-A.G., Essen,
Entwicklungstendenzen der Gaserzeugung

Heft 21:
Prof. Dr. phil. Robert Schwarz, Aachen,
Wesen und Bedeutung der Silicium-Chemie
Prof. Dr. Kurt Alder, Universität Köln,
Fortschritte in der Synthese von Kohlenstoffverbindungen

Heft 21 a
Jahresfeier der Arbeitsgemeinschaft für Forschung des Landes Nordrhein-Westfalen am 21. 5. 1952 in Düsseldorf mit Ansprachen des Herrn Bundespräsidenten Professor Dr. Theodor Heuss, des Herrn Ministerpräsidenten Arnold, Frau Kultusminister Teusch, der Herren Professor Dr. Hahn, Professor Dr. Strugger, Vizepräsident Dobbert, Professor Dr. Richter, Professor Dr. Fucks.

Heft 22:
Prof. Dr. Johannes von Allesch, Universität Göttingen,
Die Bedeutung der Psychologie im öffentlichen Leben
Prof. Dr. med. Otto Graf, Max-Planck-Institut für Arbeitsphysiologie, Dortmund,
Triebfedern menschlicher Leistung

Heft 23:
Prof. Dr. phil. Dr. jur. h. c. Bruno Kuske, Universität Köln,
Probleme der Raumforschung
Prof. Dr. Dr.-Ing. e. h. Prager,
Städtebau und Landesplanung

Heft 23 a:
M. Zvegintzov, Wissenschaftliche Forschung und die Auswertung ihrer Ergebnisse. Ziel und Tätigkeit der National Research Development Corporation

Dr. Alexander King, Department of Scientific & Industrial Research, London,
Wissenschaft und internationale Beziehungen

Heft 24:
Prof. Dr. Rolf Danneel, Universität Bonn,
Über die Wirkungsweise der Erbfaktoren
Prof. Dr. K. Herzog, Medizinische Akademie Düsseldorf,
Bewegungsbedarf der menschlichen Gliedmaßengelenke bei der Berufsarbeit

Heft 25:
Prof. Dr. O. Haxel, Heidelberg,
Energiegewinnung aus Kernprozessen
Dr. Dr. Max Wolf, Düsseldorf,
Gegenwartsprobleme der energiewirtschaftlichen Forschung

Heft 26:
Prof. Dr. Friedrich Becker, Universität Bonn,
Ultrakurzwellen aus dem Weltraum, ein neues Forschungsgebiet der Astronomie
Dozent Dr. H. Straßl, Bonn,
Bemerkenswerte Doppelsterne und das Problem der Sternentwicklung

Heft 27:
Prof. Dr. Heinrich Behnke, Universität Münster,
Der Strukturwandel der Mathematik in der ersten Hälfte des 20. Jahrhunderts
Prof. Dr. E. Sperner, Bonn,
Eine mathematische Analyse der Luftdruckverteilungen in großen Gebieten

Heft 28:
Prof. Dr. O. Niemczyk, Aachen,
Die Problematik gebirgsmechanischer Vorgänge im Steinkohlenbergbau
Prof. Dr. W. Ahrens, Krefeld,
Die Bedeutung geologischer Forschung für die Wirtschaft, besonders in Nordrhein-Westfalen

Heft 29:
Prof. Dr. B. Rensch, Münster,
Das Problem der Residuen bei Lernleistungen
Prof. Dr. H. Fink, Köln,
Über Leberschäden bei der Bestimmung des biologischen Wertes verschiedener Eiweiße von Mikroorganismen

Heft 30:
Prof. Dr.-Ing. F. Seewald, Aachen,
Forschungen auf dem Gebiete der Aerodynamik
Prof. Dr.-Ing. K. Leist, Aachen,
Forschungen in der Gasturbinentechnik

Heft 31:
Direktor Dr. F. Mietzsch, Wuppertal,
Chemie und wirtschaftliche Bedeutung der Sulfonamide
Prof. Dr. G. Domagk, Wuppertal,
Die experimentellen Grundlagen der Chemotherapie der bakteriellen Infektionen

Heft 32:
Prof. Dr. Hans Braun, Universität Bonn,
Die Verschleppung von Pflanzenkrankheiten und -schädlingen über die Welt
Prof. Dr. Wilhelm Rudorf, Max-Planck-Institut für Züchtungsforschung, Voldagsen,
Der Beitrag von Genetik und Züchtung zur Bekämpfung von Viruskrankheiten der Nutzpflanzen

Heft 33:
Prof. Dr.-Ing. V. Aschoff, Aachen,
Probleme der elektroakustischen Einkanalübertragung
Prof. Dr.-Ing. H. Döring, Aachen,
Erzeugung und Verstärkung von Mikrowellen

Heft 34:
Geheimrat Prof. Dr. Rudolf Schenck, Aachen,
Bedingungen und Gang der Kohlenhydratsynthese im Licht
Prof. Dr. Emil Lehnartz, Universität Münster,
Die Endstufen des Stoffabbaus im Organismus

Heft 35:
Prof. Dr.-Ing. H. Schenk, Aachen,
Gegenwartsprobleme der Eisenindustrie in Deutschland
Prof. Dr.-Ing. E. Piwowarsky, Aachen,
Gelöste und ungelöste Probleme des Gießereiwesens

Geisteswissenschaften

Heft 1:
Prof. Dr. W. Richter, Bonn,
Die Bedeutung der Geisteswissenschaften für die Bildung unserer Zeit

Prof. Dr. J. Ritter, Münster,
Die aristotelische Lehre vom Ursprung und Sinn der Theorie

Heft 2:
Prof. Dr. J. Kroll, Köln,
Elysium
Prof. Dr. G. Jachmann, Köln,
Die vierte Ekloge Vergils

Heft 3:
Prof. Dr. H. E. Stier, Münster,
Die klassische Demokratie

Heft 4:
Prof. Dr. W. Caskel, Köln,
Lihjan und Lihjanisch. Sprache und Kultur eines früharabischen Königreiches

Heft 5:
Prof. Dr. Th. Ohm, Münster,
Stammesreligionen im südlichen Tanganyika-Territorium. — Religionswissenschaftliche Ergebnisse meiner Ostafrikareise 1951

Heft 6:
Prälat Prof. Dr. G. Schreiber, Münster,
Deutsche Wissenschaftspolitik von Bismarck bis zum Atomphysiker Otto Hahn

Heft 7:
Prof. Dr. W. Holtzmann, Bonn,
Das mittelalterliche Imperium und die werdenden Nationen

Heft 8:
Prof. Dr. W. Caskel, Köln,
Die Bedeutung der Beduinen in der Geschichte der Araber

Heft 9:
Prälat Prof. Dr. G. Schreiber, Münster,
Iroschottische und angelsächsische Kultureinflüsse im Mittelalter

Heft 10:
Prof. Dr. P. Rassow, Köln,
Forschungen zur Reichsidee im 16. und 17. Jahrhundert

Heft 11:
Prof. Dr. H. E. Stier, Münster,
Roms Aufstieg zur Weltherrschaft

Heft 12:
Prof. Dr. D. K. H. Rengstorf, Münster,
Zum Problem der Gleichberechtigung zwischen Mann und Frau auf dem Boden des Urchristentums
Prof. Dr. H. Conrad, Bonn,
Grundprobleme einer Reform des Familienrechts

Heft 13:
Professor Dr. Max Braubach, Bonn,
Der Weg zum 20. Juli 1944 — Ein Forschungsbericht

Heft 14:
Prof. Dr. Paul Hübinger, Münster
Das deutsch-französische Verhältnis und seine mittelalterlichen Grundlagen

Heft 15:
Prof. Dr. Franz Steinbach, Bonn,
Der geschichtliche Weg des wirtschaftenden Menschen in die soziale Freiheit und politische Verantwortung

Heft 16:
Prof. Dr. Josef Koch, Köln,
Die Ars coniecturalis des Nikolaus von Cues

Heft 17:
Dr. James B. Conant,
U.S.-Hochkommissar für Deutschland,
Staatsbürger und Wissenschaftler
Prof. Dr. D. Karl Heinrich Rengstorf, Münster,
Antike und Christentum

Heft 18:
Prof. Dr. Richard Alewyn, Köln,
Klopstocks Publikum

Heft 19:
Prof. Dr. Fritz Schalk, Köln,
Das Lächerliche in der französischen Literatur des Ancien Régime

Heft 20:
Prof. Dr. Ludwig Raiser, Bad Godesberg,
Präsident der Deutschen Forschungsgemeinschaft
Rechtsfragen der Mitbestimmung

Heft 21:
Prof. D. Martin Noth, Bonn,
Das Geschichtsverständnis der alttestamentlichen Apokalyptik
Prof. Dr.-Ing. Wilhelm Fucks, Aachen
Einige Probleme aus der Theorie des Sprechens, der Sprachen und des Sprechstils in mathematischer Behandlung

If you have any concerns about our products,
you can contact us on
ProductSafety@springernature.com

In case Publisher is established outside the EU,
the EU authorized representative is:
**Springer Nature Customer Service Center GmbH
Europaplatz 3, 69115 Heidelberg, Germany**

Printed by Libri Plureos GmbH
in Hamburg, Germany